はじめに（保護者の方へ）

この本は，小学３年生の算数を勉強しながら，プログラミングの考え方を学べる問題集です。

小学校ではこれから，算数や理科などの既存の教科それぞれに，プログラミングという新しい学びが取り入れられていきます。この目的として，教科をより深く理解することや，思考力を育てることなどがいわれています。

この本を通じて，算数の知識を深めると同時に，情報や手順を正しく読み解く力（＝読む力）や手順を論理立てて考える力（＝思考力）をのばしてほしいと思います。

この本の特長と使い方

- 算数の理解を深めながら，プログラミング的

- 別冊解答には，問題の答えだけでなく，問題の　　　　　　　　　　　　　せています。

単元の学習ページです。
計算から文章題まで，単元の内容をしっかり学習しましょう。

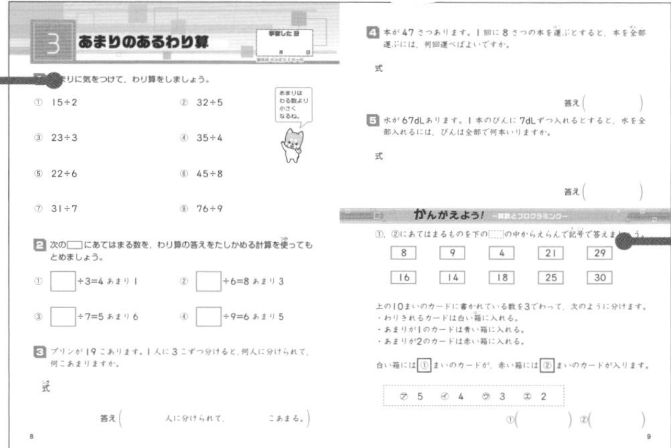
3 あまりのあるわり算

学習した日　月　日

答えは べっさつ 3 ページ

1 あまりに気をつけて，わり算をしましょう。

① 15÷2　② 32÷5
③ 23÷3　④ 35÷4
⑤ 22÷6　⑥ 45÷8
⑦ 31÷7　⑧ 76÷9

あまりはわる数より小さくなるね。

2 次の□にあてはまる数を，わり算の答えをたしかめる計算を使ってもとめましょう。

① □÷3=4 あまり 1　② □÷6=8 あまり 3
③ □÷7=5 あまり 6　④ □÷9=6 あまり 5

3 プリンが 19 こあります。1 人に 3 こずつ分けると，何人に分けられて，何こあまりますか。

式

答え（　　人に分けられて，　　こあまる。）

8

4 本が 47 さつあります。1 回に 8 さつの本を運ぶとすると，本を全部運ぶには，何回運べばよいですか。

式

答え（　　）

5 水が 67dL あります。1 本のびんに 7dL ずつ入れるとすると，水を全部入れるには，びんは全部で何本いりますか。

式

答え（　　）

かんがえよう！ －算数とプログラミング－

①，②にあてはまるものを下の□の中からえらんで記号で答えましょう。

8	9	4	21	29
16	14	18	25	30

上の 10 まいのカードに書かれている数を 3 でわって，次のように分けます。
・わりきれるカードは白い箱に入れる。
・あまりが 1 のカードは青い箱に入れる。
・あまりが 2 のカードは赤い箱に入れる。

白い箱には ① まいのカードが，赤い箱には ② まいのカードが入ります。

㋐ 5　㋑ 4　㋒ 3　㋓ 2

①（　　）②（　　）

9

かんがえよう！は，ここまでで学習してきたことを活かして解く問題です。
算数の問題を解きながら，プログラミング的思考にふれます。

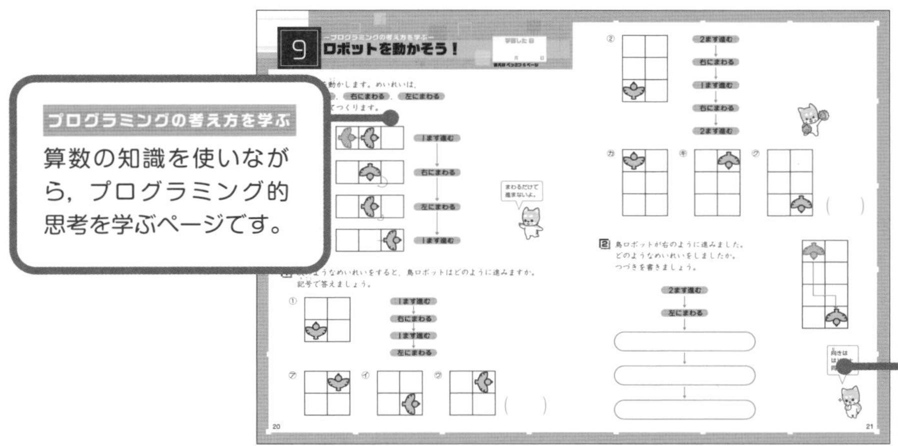
9 －プログラミングの考え方を学ぶ－ ロボットを動かそう！

学習した日　月　日

答えは べっさつ 6 ページ

…を動かします。めいれいは，…，右にまわる，左にまわる …てつくります。

1ます進む → 右にまわる → 左にまわる → 1ます進む

まわるだけで進まないよ。

…ようなめいれいをすると，鳥ロボットはどのように進みますか。記号で答えましょう。

① 1ます進む → 右にまわる → 1ます進む → 左にまわる

㋐　㋑　㋒　（　　）

20

② 2ます進む → 右にまわる → 1ます進む → 右にまわる → 2ます進む

㋕　㋖　㋗　（　　）

2 鳥ロボットが右のように進みました。どのようなめいれいをしましたか。つづきを書きましょう。

2ます進む → 左にまわる →

21

プログラミングの考え方を学ぶ
算数の知識を使いながら，プログラミング的思考を学ぶページです。

チャ太郎のヒントも参考にしましょう。

もくじ

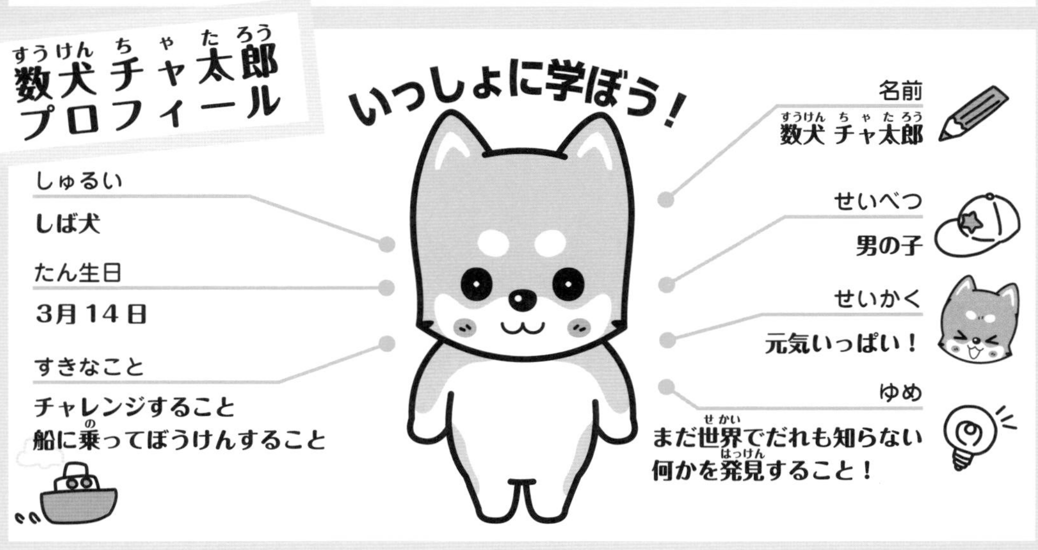

数犬チャ太郎プロフィール
いっしょに学ぼう！
名前
数犬チャ太郎
しゅるい
しば犬
せいべつ
男の子
たん生日
3月14日
せいかく
元気いっぱい！
すきなこと
チャレンジすること
船に乗ってぼうけんすること
ゆめ
まだ世界でだれも知らない
何かを発見すること！

1 かけ算のきまり

学習した日　　月　　日

答えは べっさつ2ページ

1 次(つぎ)の□にあてはまる数を書きましょう。

① 3×5 の答えは，3×6 の答えより □ 小さい。

② 9×4 の答えは，9×3 の答えより □ 大きい。

2 次の□にあてはまる数を書きましょう。

① 2×7=7×□

② 8×5=□×8

③ 4×6+4=4×□

④ 7×6−7=7×□

3 次の計算をしましょう。

① 5×0

② 0×3

③ 0×0

④ 6×10

⑤ 10×7

⑥ 10×10

4 九九の表(ひょう)を使(つか)って，次の□にあてはまる数を考えます。

① □×8=32 の式(しき)には，何のだんの九九を使って考えればよいですか。

（　　　　のだん）

② □にあてはまる数をもとめましょう。

（　　　　）

5 □にあてはまる数を書きましょう。

① 2×□=10　　② 4×□=32

③ 7×□=42　　④ 8×□=64

⑤ □×3=21　　⑥ □×5=15

⑦ □×6=54　　⑧ □×9=72

6 ボールペンを10本ずつたばにしたところ，9たばできました。ボールペンは全部(ぜんぶ)で何本ありますか。

式

答え（　　　　）

かんがえよう! ―算数とプログラミング―

①，②にあてはまるものを下の[　]の中からえらんで記号(きごう)で答えましょう。

□×9=63　　□×8=32　　□×9=45

2×□=14　　4×□=28　　6×□=30

・上の6つの式で，□に5が入るのは，①つです。

・上の6つの式で，□に7が入るのは，②つです。

㋐ 4　㋑ 3　㋒ 2　㋓ 1

①（　　　　）②（　　　　）

2 わり算

答えはべっさつ2ページ

1 次(つぎ)の計算をしましょう。

① 16÷2　② 20÷4

③ 24÷3　④ 42÷6

⑤ 30÷5　⑥ 32÷8

⑦ 54÷6　⑧ 49÷7

⑨ 24÷8　⑩ 36÷9

2 次の計算をしましょう。

① 0÷3　② 7÷7

③ 0÷9　④ 8÷8

3 次の計算をしましょう。

① 40÷4　② 60÷6

③ 80÷2　④ 90÷3

4 次の計算をしましょう。

① 24÷2　　② 68÷2

③ 84÷4　　④ 93÷3

5 ジュースが 28 本あります。7 人で同じ数ずつ分けると，1 人分は何本になりますか。

式（しき）

答え（　　　）

かんがえよう! ー算数とプログラミングー

①，②にあてはまるものを下の［　］の中からえらんで記号（きごう）で答えましょう。

30÷6	18÷9	28÷7	15÷5
12÷4	12÷3	36÷9	45÷9

上の8まいのカードを次のように分けます。
・答えが3のカードは青い箱（はこ）に入れる。
・答えが4のカードは赤い箱に入れる。
・答えが3でも4でもないカードは白い箱に入れる。

青い箱には［①］まいのカードが，白い箱には［②］まいのカードが入ります。

㋐ 3　㋑ 2　㋒ 1　㋓ 0

①（　　　）　②（　　　）

3 あまりのあるわり算

学習した日
月　日

答えは べっさつ 3 ページ

1 あまりに気をつけて，わり算をしましょう。

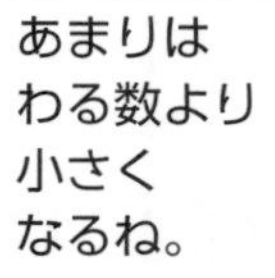

① 15÷2　　② 32÷5

③ 23÷3　　④ 35÷4

⑤ 22÷6　　⑥ 45÷8

⑦ 31÷7　　⑧ 76÷9

2 次の□にあてはまる数を，わり算の答えをたしかめる計算を使ってもとめましょう。

① □÷3=4 あまり 1　　② □÷6=8 あまり 3

③ □÷7=5 あまり 6　　④ □÷9=6 あまり 5

3 プリンが 19 こあります。1 人に 3 こずつ分けると，何人に分けられて，何こあまりますか。

式

答え（　　　人に分けられて，　　　こあまる。）

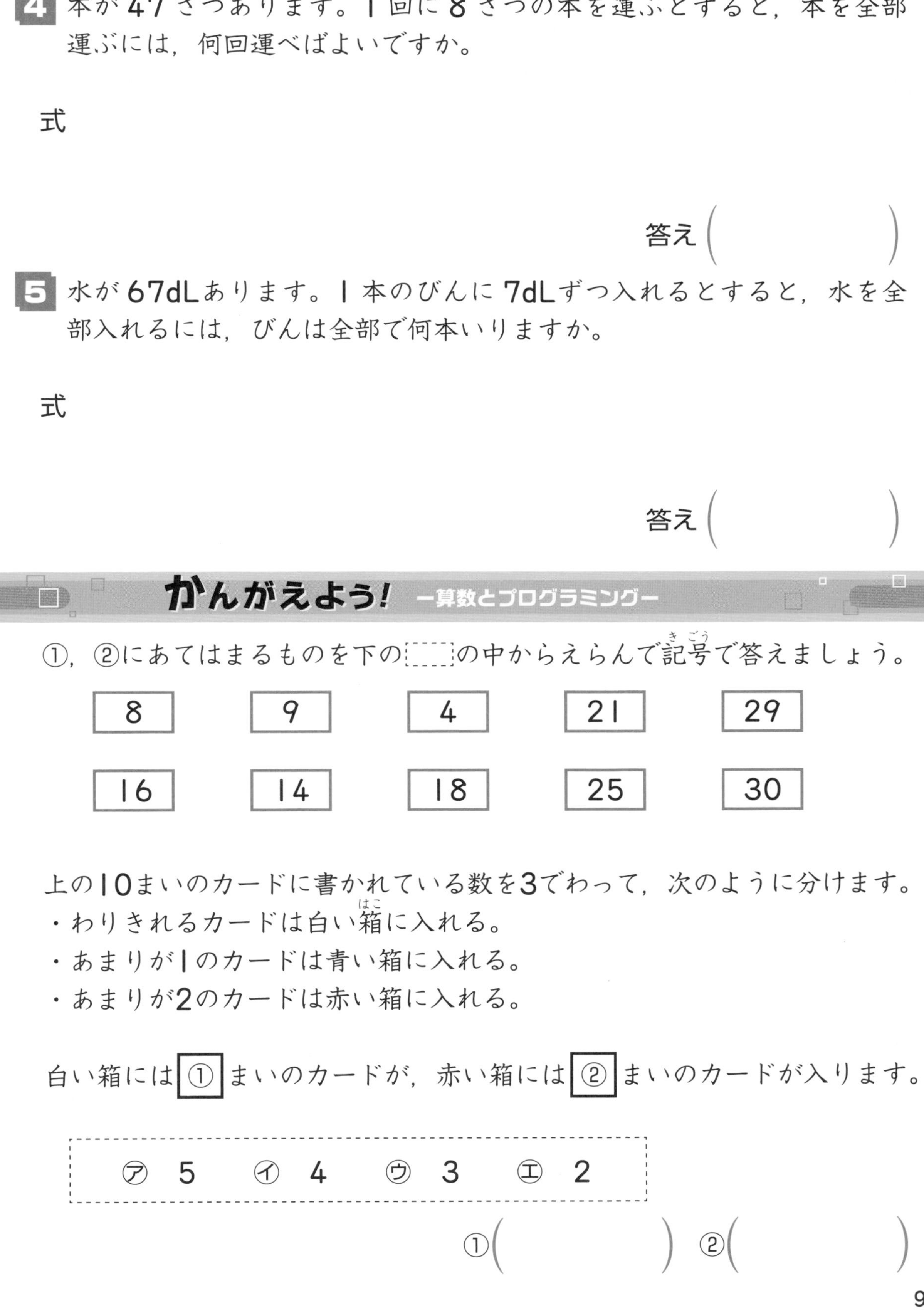

4 本が47さつあります。1回に8さつの本を運ぶとすると，本を全部運ぶには，何回運べばよいですか。

式

答え（　　　　）

5 水が67dLあります。1本のびんに7dLずつ入れるとすると，水を全部入れるには，びんは全部で何本いりますか。

式

答え（　　　　）

かんがえよう！ ―算数とプログラミング―

①，②にあてはまるものを下の⬚の中からえらんで記号で答えましょう。

8	9	4	21	29
16	14	18	25	30

上の10まいのカードに書かれている数を3でわって，次のように分けます。

・わりきれるカードは白い箱に入れる。
・あまりが1のカードは青い箱に入れる。
・あまりが2のカードは赤い箱に入れる。

白い箱には ① まいのカードが，赤い箱には ② まいのカードが入ります。

㋐ 5　㋑ 4　㋒ 3　㋓ 2

①（　　　　）　②（　　　　）

4 ープログラミングの考え方を学ぶー おはじきを動かそう！

学習した日　月　日

答えは べっさつ 3 ページ

下の図で，おはじきをスタートのますから右に動(うご)かします。10 のますの次(つぎ)は，11 のますに動き，左に動きます。

スタート	1	2	3	4	5	6	7	8	9	10
	20	19	18	17	16	15	14	13	12	11

(れい) おはじきを次のように動かします。おはじきはどの数のますに動きますか。

スタート	1	2	3	5ます 4	5	6	7	8	9	10
	20	19	18	17	16	15	3ます 14	13	12	7ます 11

(答え)　15 のます

1 おはじきを次のように動かします。おはじきはどの数のますに動きますか。

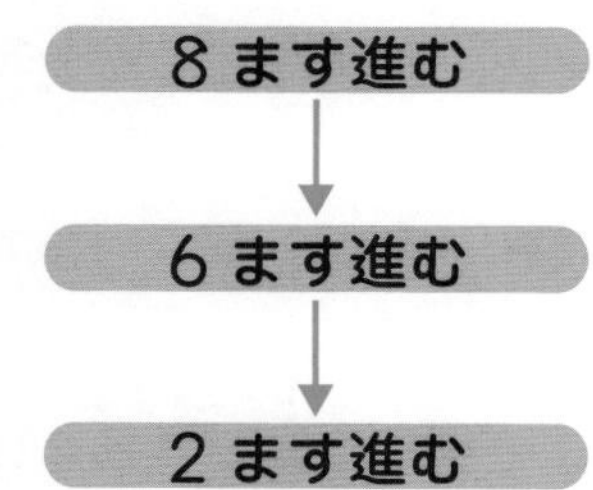

(　　　　　　) のます

2 おはじきを次のように動かします。おはじきはどの数のますに動きますか。

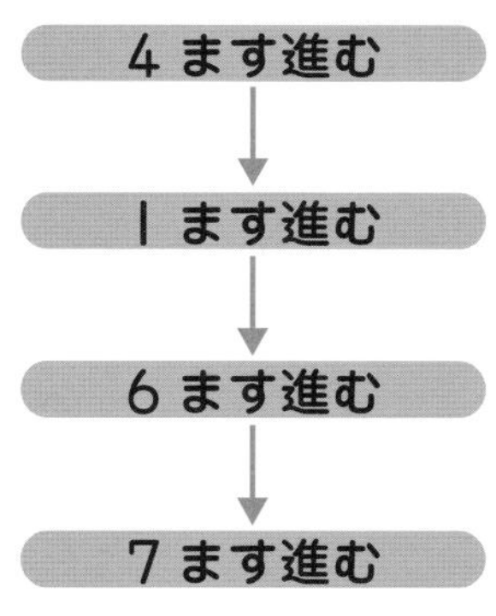

（　　　　）のます

3 おはじきを20のますまで進めます。□にあてはまる数を答えましょう。

① 7ます進む → 9ます進む → □ます進む

（　　　　）

② 6ます進む → 5ます進む → □ます進む

（　　　　）

③ 9ます進む → □ます進む → 4ます進む

（　　　　）

5 たし算

学習した日

月　　日

答えは べっさつ 4ページ

1 次(つぎ)の計算をしましょう。

①
$$\begin{array}{r} 176 \\ +317 \\ \hline \end{array}$$

②
$$\begin{array}{r} 568 \\ +679 \\ \hline \end{array}$$

③
$$\begin{array}{r} 748 \\ +263 \\ \hline \end{array}$$

④
$$\begin{array}{r} 609 \\ +\ \ 86 \\ \hline \end{array}$$

⑤
$$\begin{array}{r} 362 \\ +\ \ 78 \\ \hline \end{array}$$

⑥
$$\begin{array}{r} 997 \\ +\ \ \ 5 \\ \hline \end{array}$$

⑦
$$\begin{array}{r} 5803 \\ +\ \ 469 \\ \hline \end{array}$$

⑧
$$\begin{array}{r} 1934 \\ +\ \ \ 97 \\ \hline \end{array}$$

2 次の計算を筆算(ひっさん)でしましょう。

① 426+895

② 2078+624

3 850 円のケーキと 365 円のエクレアを買うと，全部（ぜんぶ）でいくらになりますか。

式（しき）

答え（　　　　　　　）

4 ゆかりさんは，きのうまでに本を 167 ページ読みました。今日は 36 ページ読みました。全部で何ページ読みましたか。

式

答え（　　　　　　　）

かんがえよう！ ―算数とプログラミング―

①，②にあてはまるものを下の［　］の中からえらんで記号（きごう）で答えましょう。

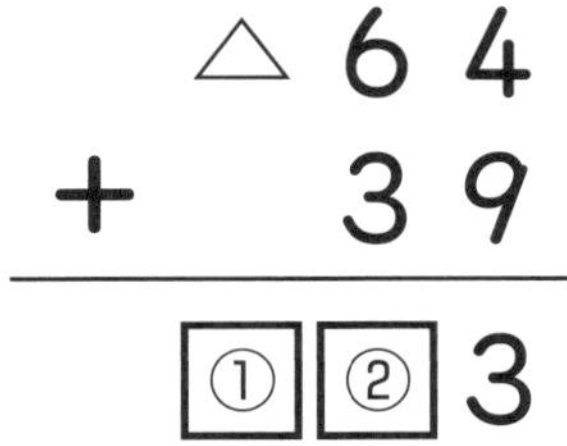

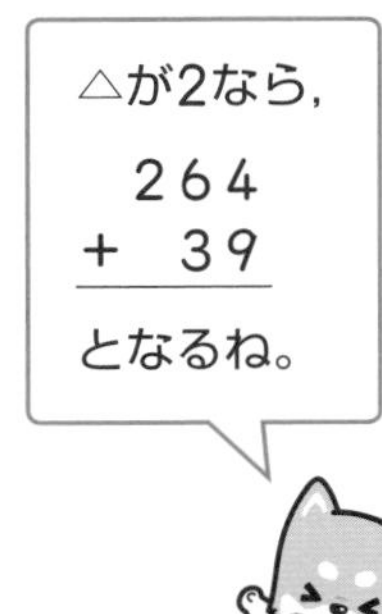

㋐ 0　　㋑ 9

㋒ △　　㋓ 1＋△

①（　　　　　）　②（　　　　　）

6 ひき算

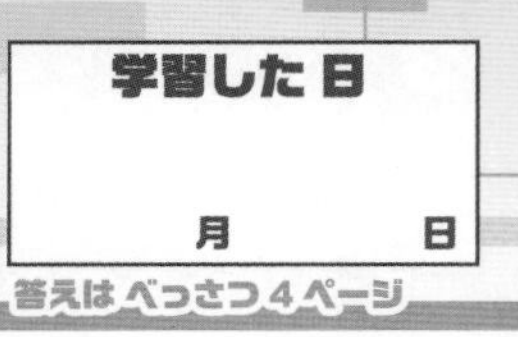

答えは べっさつ 4ページ

1 次(つぎ)の計算をしましょう。

① $\begin{array}{r} 675 \\ -429 \\ \hline \end{array}$

② $\begin{array}{r} 826 \\ -637 \\ \hline \end{array}$

③ $\begin{array}{r} 243 \\ -167 \\ \hline \end{array}$

④ $\begin{array}{r} 718 \\ -263 \\ \hline \end{array}$

⑤ $\begin{array}{r} 327 \\ -\ \ 49 \\ \hline \end{array}$

⑥ $\begin{array}{r} 902 \\ -\ \ \ 5 \\ \hline \end{array}$

⑦ $\begin{array}{r} 5604 \\ -\ \ 738 \\ \hline \end{array}$

⑧ $\begin{array}{r} 4021 \\ -\ \ \ 84 \\ \hline \end{array}$

2 次の計算を筆算(ひっさん)でしましょう。

① 937−158

② 1243−265

3 公園に子どもが 273 人います。おとなは子どもより 184 人少ないそうです。おとなは何人いますか。

式

答え（　　　　）

4 ゆうたさんは，623 円のスケッチブックを買って，1000 円さつを 1 まい出しました。おつりはいくらですか。

式

答え（　　　　）

かんがえよう！ ―算数とプログラミング―

①，②にあてはまるものを下の[　]の中からえらんで記号で答えましょう。

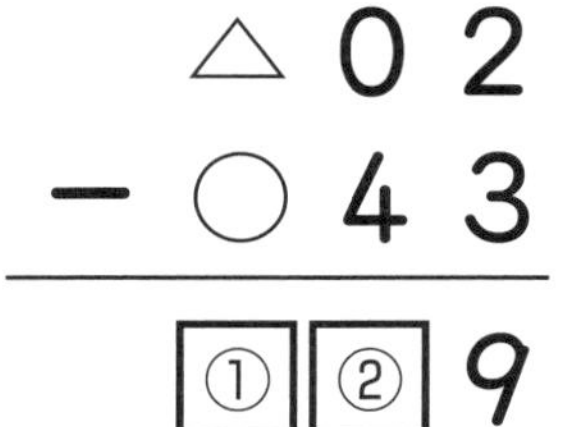

㋐	△−○	㋑	5
㋒	△−1−○	㋓	6

①（　　　　）　②（　　　　）

7 時こくと時間

学習した日
月　日

答えは べっさつ 5 ページ

1 次(つぎ)の時こくをもとめましょう。

① 午前 8 時 40 分から 45 分後の時こく

(　　　　　　)

② 午後 4 時から 35 分前の時こく

(　　　　　　)

③ 午前 10 時 20 分から 55 分前の時こく

(　　　　　　)

2 次の時間をもとめましょう。

① 午前 7 時 25 分から午前 11 時 25 分までの時間

(　　　　　　)

② 午前 9 時 50 分から午後 1 時 40 分までの時間

(　　　　　　)

3 次の□にあてはまる数を書きましょう。

① 180 秒(びょう)=□分　　② 5 分=□秒

③ 100 秒=□分□秒

4 次の□にあてはまる数を書きましょう。

① 1時間50分+2時15分=□時間□分

② 4時間15分−3時間50分=□分

5 そうたさんは，午前10時35分に家を出て，午前11時10分に駅(えき)に着(つ)きました。家から駅までかかった時間は何分ですか。

(　　　　)

かんがえよう！ ―算数とプログラミング―

①，②にあてはまるものを下の□の中からえらんで記号(きごう)で答えましょう。

いま，午前10時35分です。次のように時計のはりを進(すす)めると，どの時計になりますか。

55分進めると，①の時計になる。

↓

1時間45分進めると，②の時計になる。

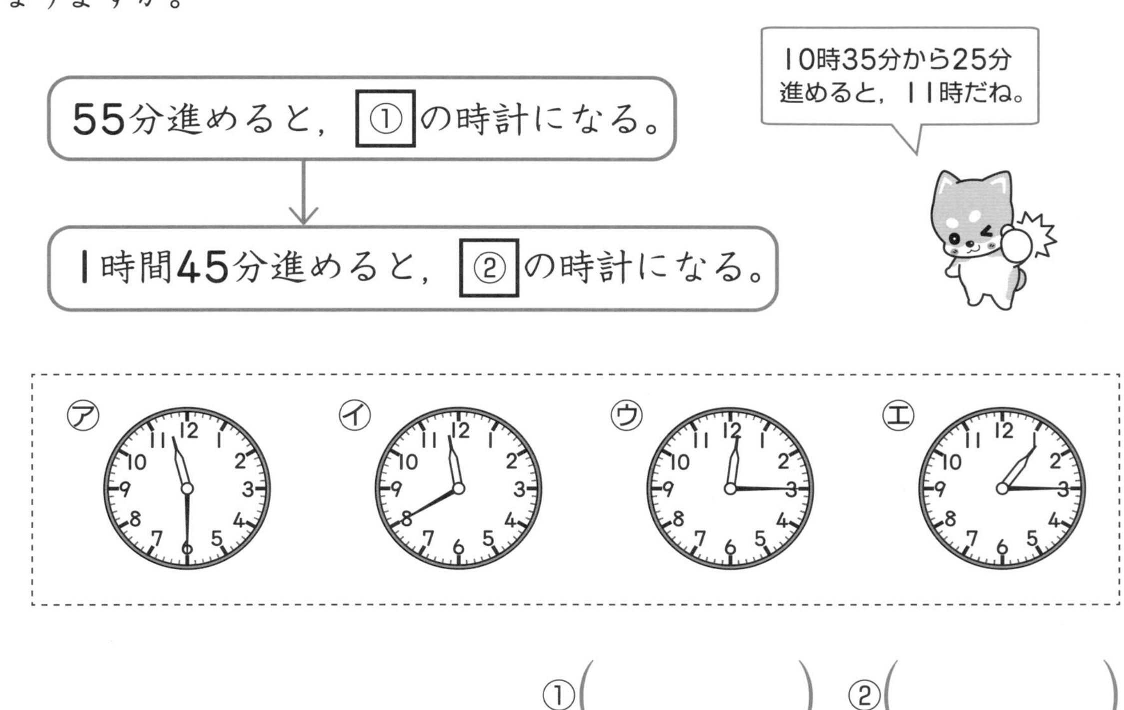

①(　　　　)　②(　　　　)

8 長さ

学習した日
月　日

答えは べっさつ5ページ

1 次(つぎ)のまきじゃくのめもりをよみましょう。

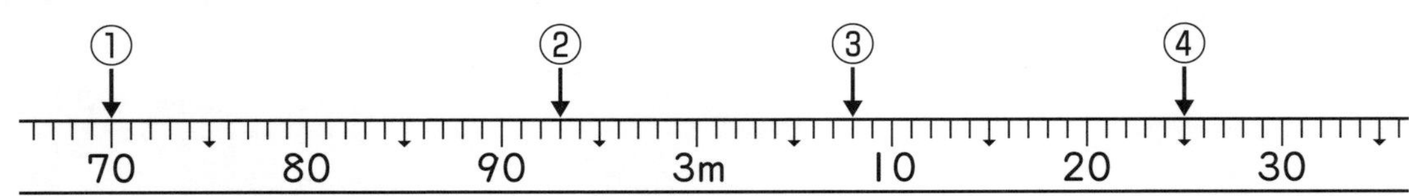

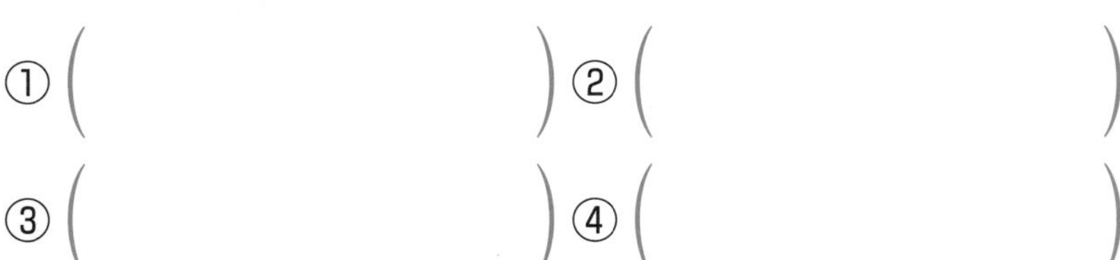

2 次の□にあてはまる数を書きましょう。

① 3000m=□km　② 5km=□m

③ 6700m=□km□m

1km=1000m
だよ。

3 次の□にあてはまる数を書きましょう。

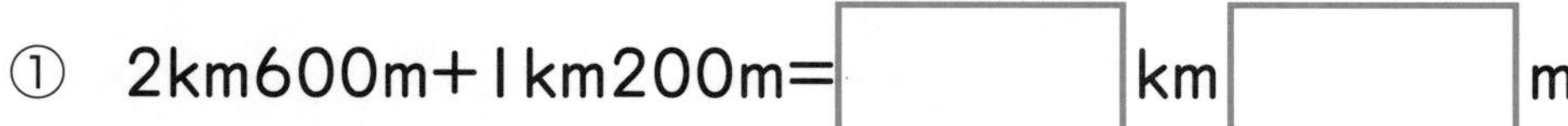

② 1km800m+3km700m=□km□m

③ 4km900m−3km400m=□km□m

④ 5km100m−2km900m=□km□m

⑤ 7km−300m=□km□m

4 右の図を見て答えましょう。

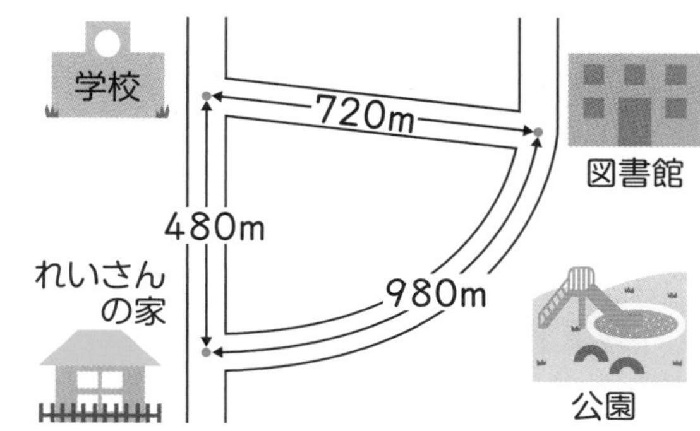

① れいさんの家から公園の前を通って図書館までの道のりは，何mですか。

（　　　　　　）

② れいさんの家から学校の前を通って図書館までの道のりは，何km何mですか。

式

答え（　　　　　　）

③ れいさんの家から公園の前を通って図書館までの道のりと，学校の前を通って図書館までの道のりとでは，何mちがいますか。

式

答え（　　　　　　）

かんがえよう！ ―算数とプログラミング―

①，②にあてはまるものを下の［　］の中からえらんで記号で答えましょう。

・△km700m＋1km500m＝［①］km200m

・□km－1km400m＝［②］km600m

①（　　　　　　）　②（　　　　　　）

－プログラミングの考え方を学ぶ－

ロボットを動かそう！

学習した日　　月　　日

答えは べっさつ 6 ページ

鳥ロボットを動かします。めいれいは，

1ます進む，右にまわる，左にまわる

を組み合わせてつくります。

（れい）

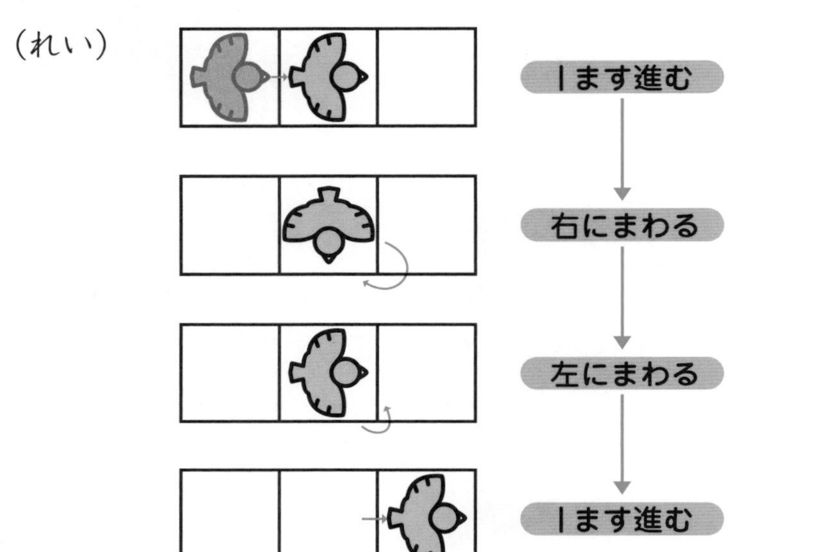

1 次のようなめいれいをすると，鳥ロボットはどのように進みますか。記号で答えましょう。

①

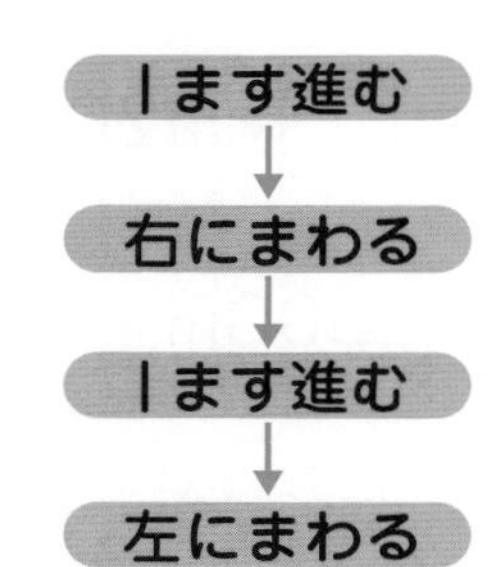

㋐

㋑

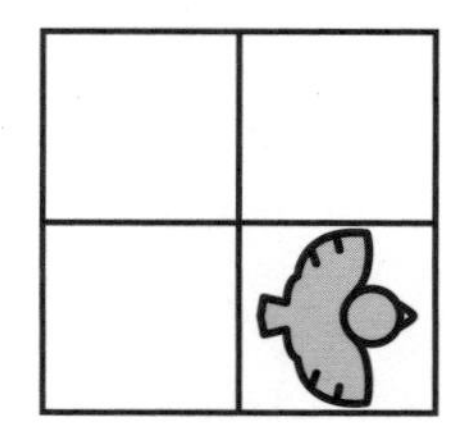

㋒

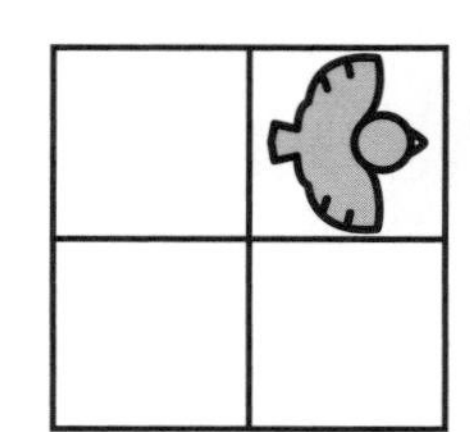

（　　）

②

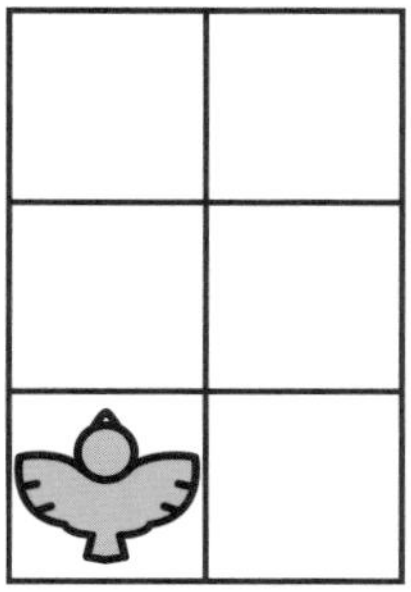

2ます進む
↓
右にまわる
↓
1ます進む
↓
右にまわる
↓
2ます進む

㋕ 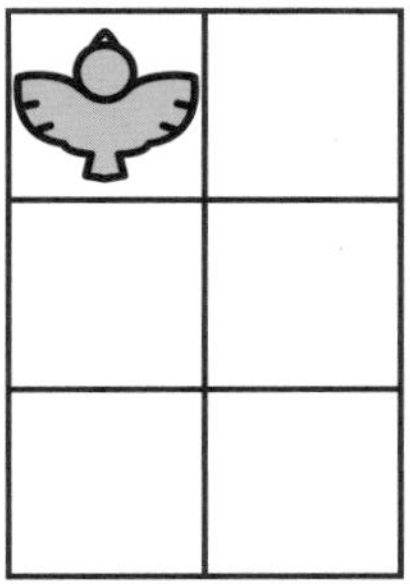 ㋖ 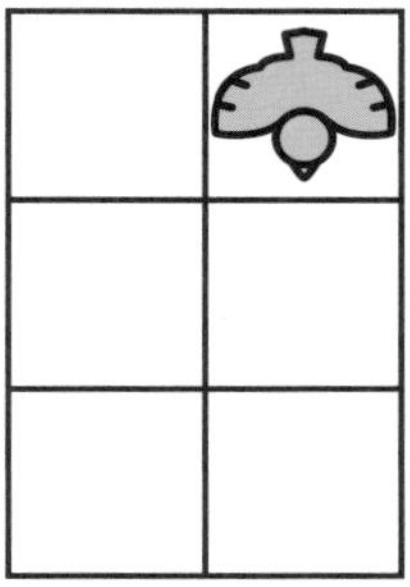 ㋗

(　　)

2 鳥ロボットが右のように進みました。
どのようなめいれいをしましたか。
つづきを書きましょう。

2ます進む
↓
左にまわる
↓
(　　)
↓
(　　)
↓
(　　)

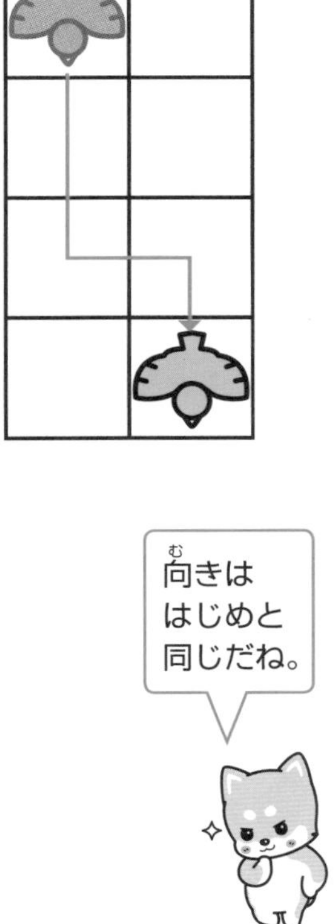

10 1億までの数

学習した日　月　日

答えはべっさつ6ページ

1 次(つぎ)の数を数字で書きましょう。

① 10000を3こ，1000を5こ，10を8こ，1を9こあわせた数

(　　　　　)

② 1000万を6こ，10万を7こ，1000を4こ，1を2こあわせた数

(　　　　　)

③ 100万を79こ集(あつ)めた数

(　　　　　)

2 次の数直線について答えましょう。

㋐　9100万　㋑　9200万　㋒

① いちばん小さい1めもりはいくつですか。

(　　　　　)

② ㋐，㋑，㋒のめもりが表(あらわ)す数はいくつですか。

㋐(　　　　　)㋑(　　　　　)㋒(　　　　　)

3 次の□にあてはまる不等号(ふとうごう)を書きましょう。

① 970000 □ 1200000　　② 8531万 □ 8529万

4 次の計算をしましょう。

① 360 万+70 万　　② 94000+6000

③ 150000−90000　　④ 8000 万−400 万

5 620 を 10 倍した数，100 倍した数，10 でわった数を数字で書きましょう。

10倍した数（　　）　100倍した数（　　）

10 でわった数（　　）

かんがえよう! ー算数とプログラミングー

①，②にあてはまるものを下の［　］の中からえらんで記号（きごう）で答えましょう。

4900万	6000万	2345万
5001万	90万	1億

・上のカードで，500万より小さいものは，

［①］まいです。

・上のカードで，5000万より大きいものは，

［②］まいです。

4900万は
500万より大きくて，
5000万より小さいね。

㋐ 4　㋑ 3　㋒ 2　㋓ 1

①（　　）　②（　　）

11 かけ算の筆算(1)

学習した日　　月　　日

答えは べっさつ 7ページ

1 次(つぎ)の計算をしましょう。

① 30×2　　② 50×7

③ 100×6　　④ 400×8

2 次の計算をしましょう。

① $\begin{array}{r} 14 \\ \times\ \ 2 \\ \hline \end{array}$　　② $\begin{array}{r} 26 \\ \times\ \ 3 \\ \hline \end{array}$

③ $\begin{array}{r} 15 \\ \times\ \ 6 \\ \hline \end{array}$　　④ $\begin{array}{r} 62 \\ \times\ \ 3 \\ \hline \end{array}$

⑤ $\begin{array}{r} 48 \\ \times\ \ 7 \\ \hline \end{array}$　　⑥ $\begin{array}{r} 25 \\ \times\ \ 8 \\ \hline \end{array}$

くり上げた数を
たすのをわすれ
ないようにしよう。

3 次の計算を筆算(ひっさん)でしましょう。

① 32×9

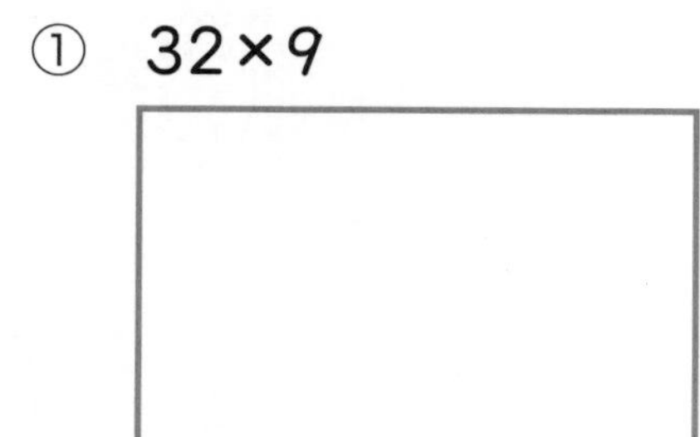

② 52×4

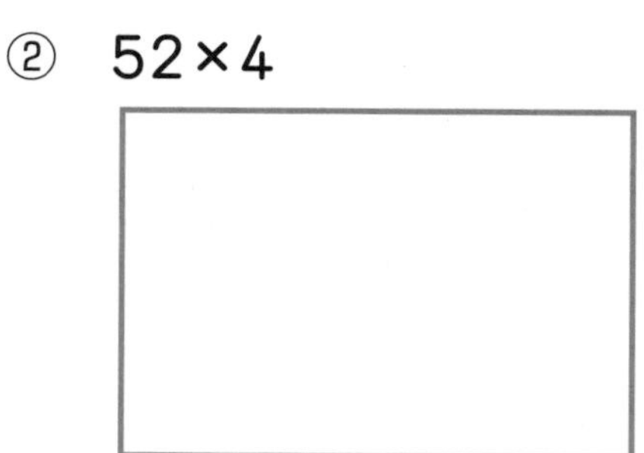

4 1こ56円のあめを5こ買います。代金(だいきん)は何円ですか。

式(しき)

答え（　　　　　　）

5 白いロープの長さは72cmで，赤いロープの長さは白いロープの長さの7倍(ばい)です。赤いロープの長さは何cmですか。

式

答え（　　　　　　）

かんがえよう！ ―算数とプログラミング―

①，②にあてはまるものを下の[　　]の中からえらんで記号(きごう)で答えましょう。

32×4の計算を考えます。

32は，2と30に分けることができるので，32×4の答えは，2×4の答えと30×4の答えをたしたものになります。

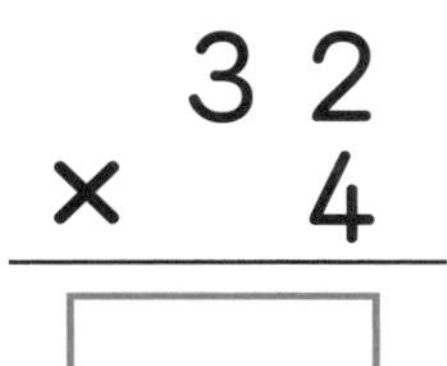

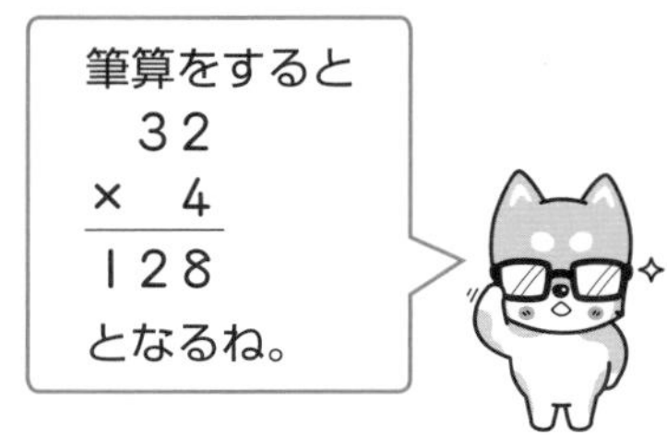

上の筆算の[　　　]に入る答えは，2×[①]＋[②]×4を計算したものになります。

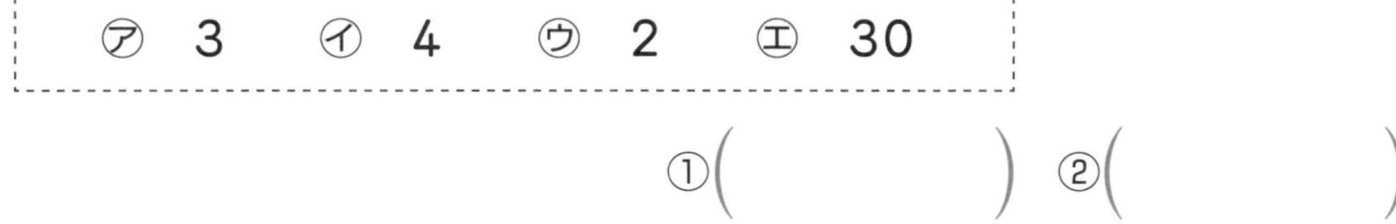

㋐ 3　㋑ 4　㋒ 2　㋓ 30

①（　　　　）　②（　　　　）

12 かけ算の筆算(2)

答えは べっさつ7ページ

1 次(つぎ)の計算をしましょう。

① $\begin{array}{r} 134 \\ \times\ \ \ 2 \\ \hline \end{array}$

② $\begin{array}{r} 143 \\ \times\ \ \ 6 \\ \hline \end{array}$

③ $\begin{array}{r} 320 \\ \times\ \ \ 3 \\ \hline \end{array}$

④ $\begin{array}{r} 102 \\ \times\ \ \ 4 \\ \hline \end{array}$

⑤ $\begin{array}{r} 450 \\ \times\ \ \ 2 \\ \hline \end{array}$

⑥ $\begin{array}{r} 284 \\ \times\ \ \ 7 \\ \hline \end{array}$

⑦ $\begin{array}{r} 509 \\ \times\ \ \ 8 \\ \hline \end{array}$

⑧ $\begin{array}{r} 670 \\ \times\ \ \ 9 \\ \hline \end{array}$

⑨ $\begin{array}{r} 960 \\ \times\ \ \ 5 \\ \hline \end{array}$

⑩ $\begin{array}{r} 375 \\ \times\ \ \ 8 \\ \hline \end{array}$

2 次の計算を筆算(ひっさん)でしましょう。

① 472×3

② 705×4

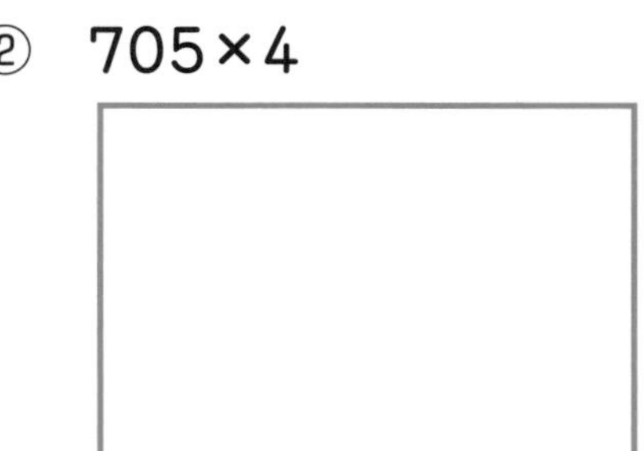

3 1本160円のジュースを7本買います。代金は何円ですか。

式

答え（　　　　）

4 小さいポットに水が425mL入っています。大きいポットには，小さいポットの4倍の水が入っています。大きいポットに入っている水のかさは何mLですか。

式

答え（　　　　）

かんがえよう! —算数とプログラミング—

①，②にあてはまるものを下の[　]の中からえらんで記号で答えましょう。

423×2の計算を考えます。

423は，3と20と400に分けることができるので，423×2の答えは，3×2の答えと20×2の答えと400×2の答えをたしたものになります。

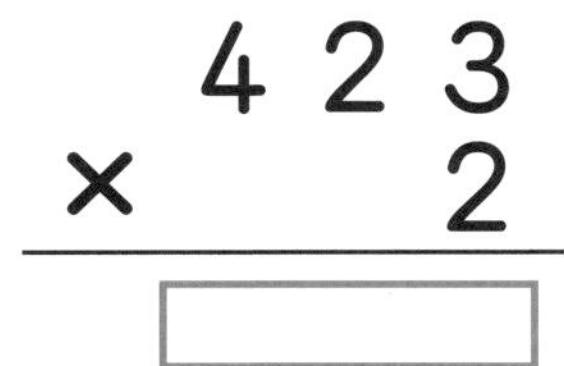

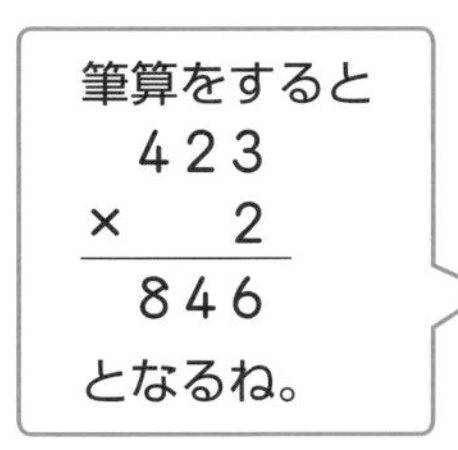

上の筆算の[　　]に入る答えは，3×2+20×[①]+[②]×2を計算したものになります。

ア 400　イ 2　ウ 40　エ 4

①（　　　）②（　　　）

13 かけ算の筆算(3)

答えは べっさつ 8 ページ

1 次の計算をしましょう。

① $\begin{array}{r} 12 \\ \times 23 \\ \hline \end{array}$

② $\begin{array}{r} 67 \\ \times 48 \\ \hline \end{array}$

③ $\begin{array}{r} 80 \\ \times 95 \\ \hline \end{array}$

④ $\begin{array}{r} 213 \\ \times \quad 42 \\ \hline \end{array}$

⑤ $\begin{array}{r} 487 \\ \times \quad 96 \\ \hline \end{array}$

⑥ $\begin{array}{r} 504 \\ \times \quad 82 \\ \hline \end{array}$

答えが 5 けたに
なるよ。

2 次の計算を筆算でしましょう。

① 75×36

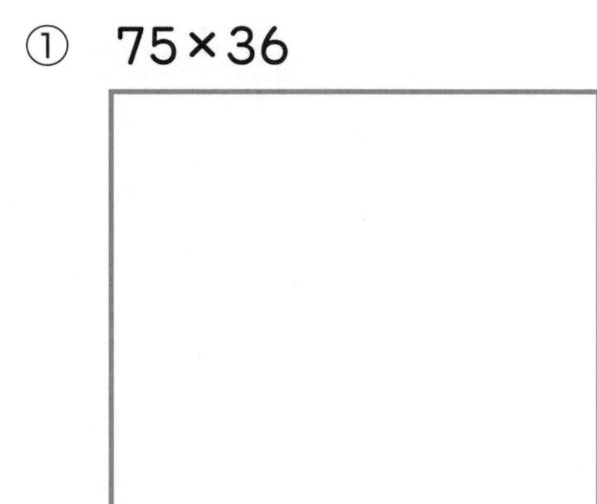

② 309×47

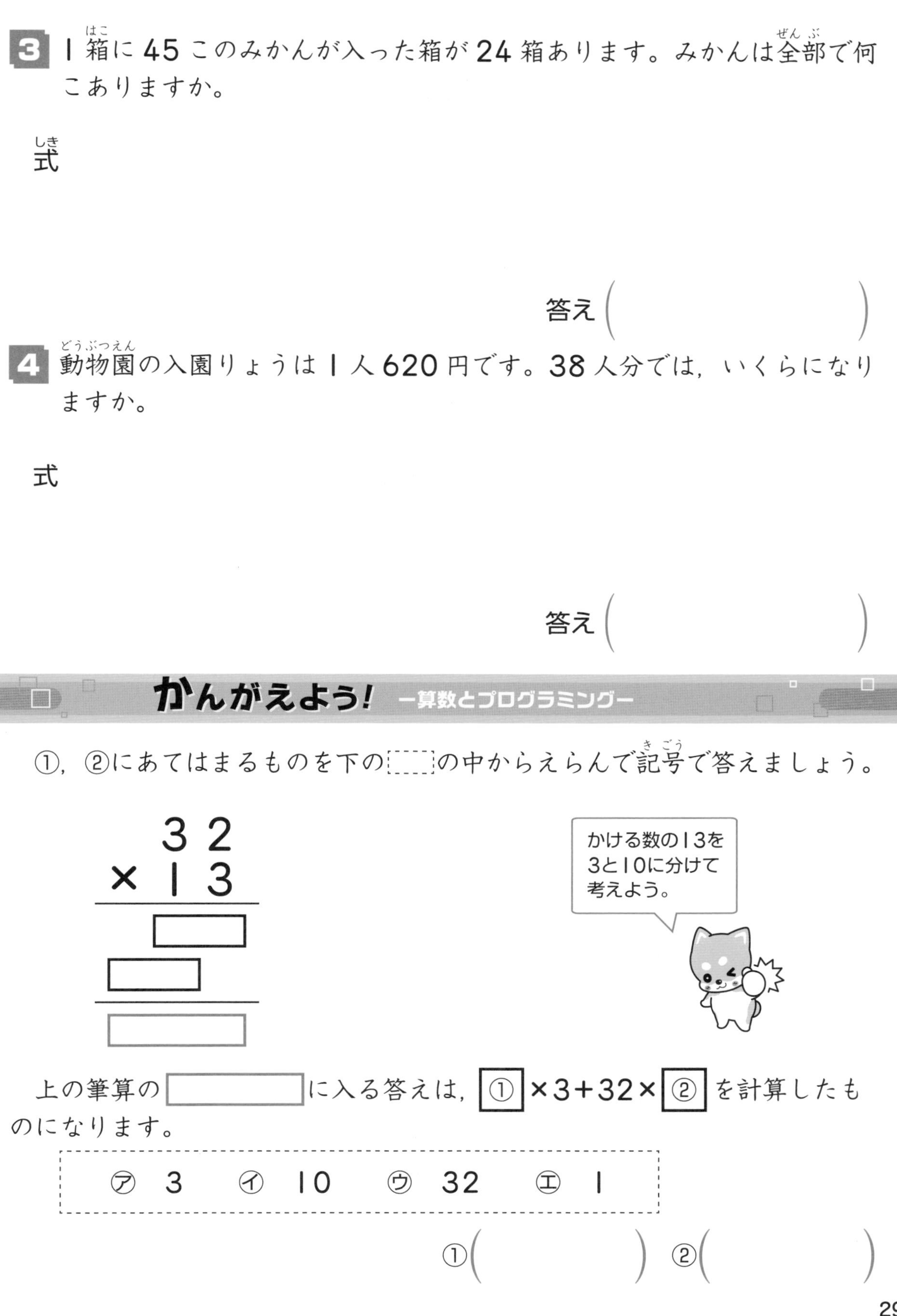

3 1箱に45このみかんが入った箱が24箱あります。みかんは全部で何こありますか。

式

答え（　　　　　）

4 動物園の入園りょうは1人620円です。38人分では，いくらになりますか。

式

答え（　　　　　）

かんがえよう！ —算数とプログラミング—

①，②にあてはまるものを下の［　］の中からえらんで記号で答えましょう。

$$
\begin{array}{r}
32 \\
\times\ 13 \\
\hline
\square \\
\square \\
\hline
\square
\end{array}
$$

上の筆算の［　　］に入る答えは，［①］×3+32×［②］を計算したものになります。

㋐ 3	㋑ 10	㋒ 32	㋓ 1

①（　　　）　②（　　　）

14 ―プログラミングの考え方を学ぶ― 5けたの数をつくろう！

学習した日　　月　　日

答えは べっさつ 8 ページ

下のようなますに数を入れて５けたの数をつくります。

(れい) 次(つぎ)のように数を入れると，どんな数ができますか。

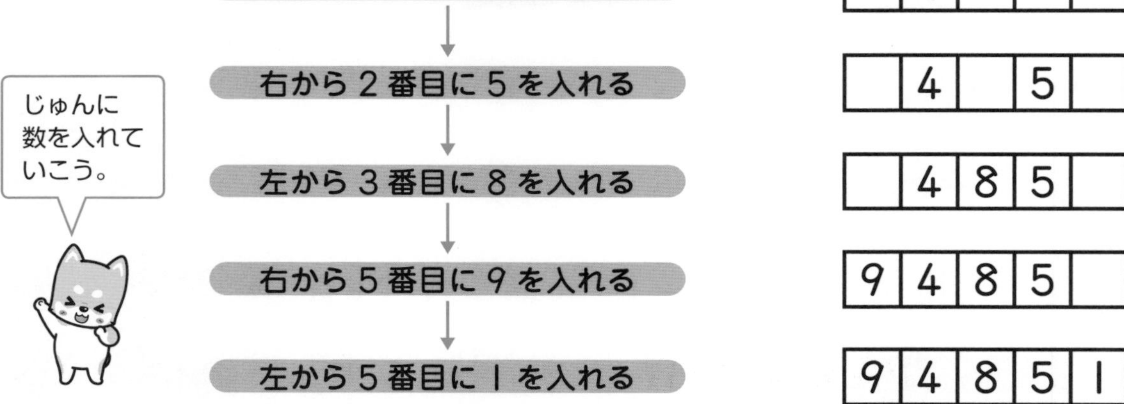

(答え)　94851

1 次のように数を入れると，どんな数ができますか。

左から３番目に１を入れる
↓
右から４番目に７を入れる
↓
右から１番目に０を入れる
↓
左から１番目に６を入れる
↓
右から２番目に２を入れる

(　　　　　　)

2 次のように数を入れると，どんな数ができますか。

①

右から２番目に 4×2 の答えを入れる

↓

左から３番目に 27−18 の答えを入れる

↓

右から５番目に 21÷3 の答えを入れる

↓

左から５番目に 50−49 の答えを入れる

↓

右から４番目に 25÷5 の答えを入れる

（　　　　　）

②

左から４番目に 6.4＋1.6 の答えを入れる

↓

右から３番目に 10.2−1.2 の答えを入れる

↓

右から５番目に 2.7＋4.3 の答えを入れる

↓

左から２番目に 13.6−8.6 の答えを入れる

↓

右から１番目に 0.5＋1.5 の答えを入れる

（　　　　　）

3 上の問題(もんだい)の①でできた数と，②でできた数は，どちらが大きいですか。

（　　　　　）

15 小数

学習した日　月　日

答えは べっさつ9ページ

1 下の図で，水のかさは何Lですか。小数で答えましょう。

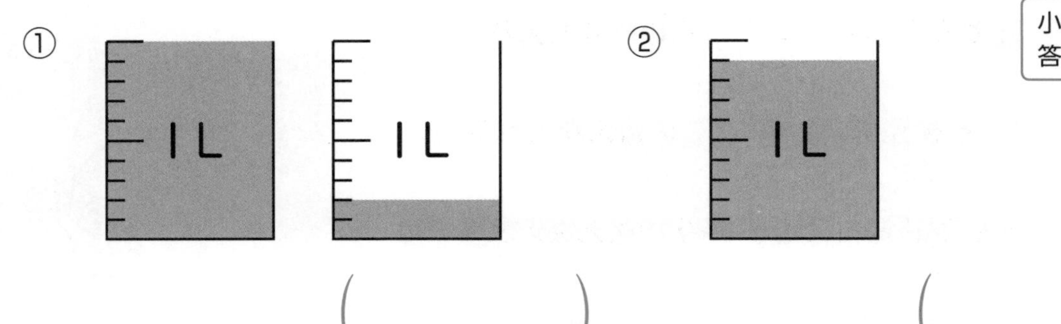

①（　　　）　②（　　　）

2 次の□にあてはまる数を書きましょう。

① 4mm=□cm　② 38mm=□cm

③ 6cm1mm=□cm　④ 7dL=□L

⑤ 10L5dL=□L　⑥ 92dL=□L

3 次の数直線について答えましょう。

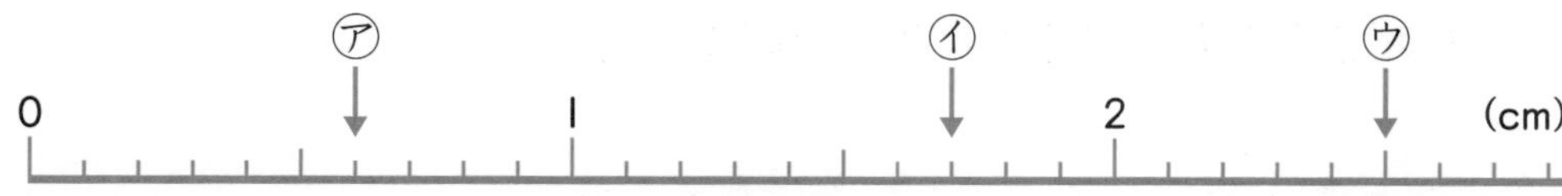

① いちばん小さい1めもりは何cmですか。

② ㋐，㋑，㋒のめもりが表す長さは，何cmですか。

㋐（　　　）㋑（　　　）㋒（　　　）

4 次の□にあてはまる不等号(ふとうごう)を書きましょう。

① 0.6 □ 0.5　　② 8 □ 8.1

③ 0 □ 0.2　　④ 0.9 □ 1

5 次の数を答えましょう。

① 3 と 0.7 をあわせた数 (　　　)

② 1 を 5 こと，0.1 を 9 こあわせた数 (　　　)

③ 0.1 を 40 こ集(あつ)めた数 (　　　)

かんがえよう！ ー算数とプログラミングー

①，②にあてはまるものを下の[　]の中からえらんで記号(きごう)で答えましょう。

2	0	0.1	1.9	0.9	2.9

・上のカードで，1より小さいものは，[①]まいです。

・上のカードで，2.6より大きいものは，[②]まいです。

㋐ 4	㋑ 3
㋒ 2	㋓ 1

2は1より大きくて，
2.6より小さいね。

①(　　　) ②(　　　)

16 小数のたし算・ひき算

学習した日　　月　　日

答えは べっさつ 9 ページ

1 次(つぎ)の計算をしましょう。

① 0.6+0.7　　② 0.2+0.8

③ 0.5−0.4　　④ 1.7−0.9

2 次の計算をしましょう。

① $\begin{array}{r} 4.8 \\ +\ 7.3 \\ \hline \end{array}$　　② $\begin{array}{r} 6.9 \\ +\ 8.1 \\ \hline \end{array}$

くり上がりや，
くり下がりに
気をつけよう。

③ $\begin{array}{r} 6.5 \\ -\ 1.7 \\ \hline \end{array}$　　④ $\begin{array}{r} 5.4 \\ -\ 4.9 \\ \hline \end{array}$

3 次の計算を筆算(ひっさん)でしましょう。

① 2.3+9

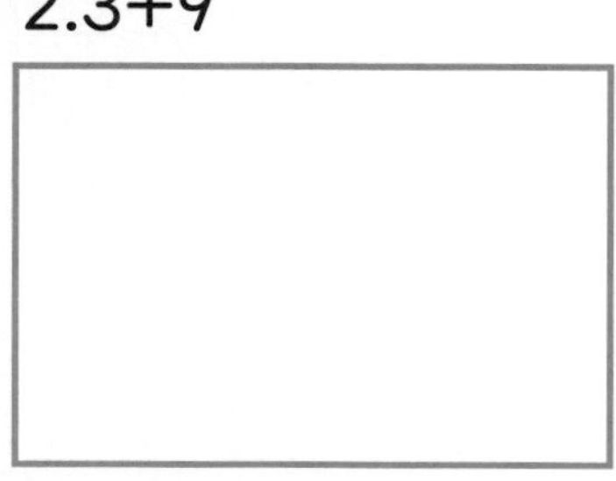

② 5−4.3

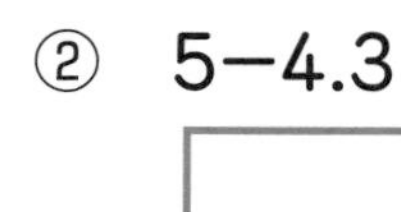

4 大きいバケツに水が 5.2L，小さいバケツに水が 2.8L入っています。

① 2つのバケツをあわせると，水は何Lになりますか。

式

答え（　　　　）

② 大きいバケツに入っている水のかさは，小さいバケツに入っている水のかさより何L多いですか。

式

答え（　　　　）

かんがえよう！ ー算数とプログラミングー

①，②にあてはまるものを下の［　］の中からえらんで記号で答えましょう。

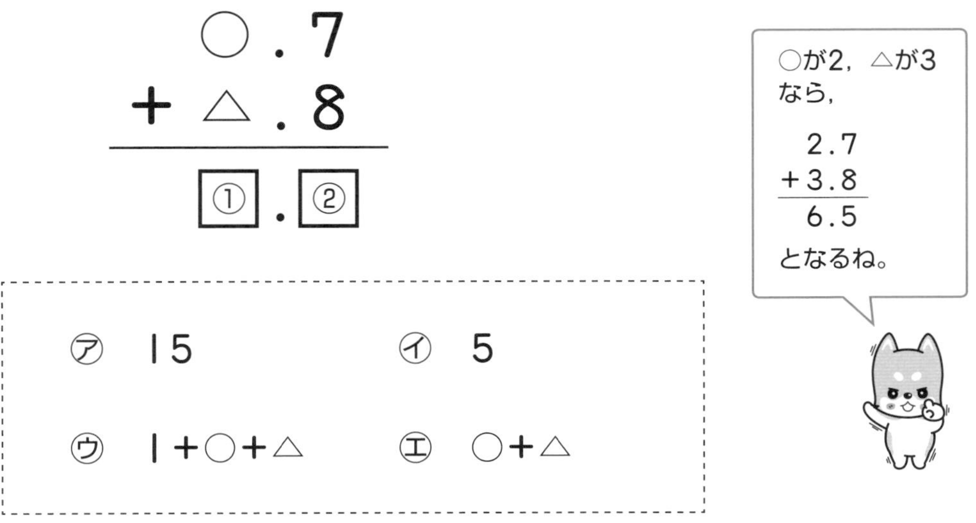

①（　　　　）　②（　　　　）

17 重さ

答えは べっさつ 10 ページ

1 次(つぎ)のはかりのめもりをよみましょう。

①

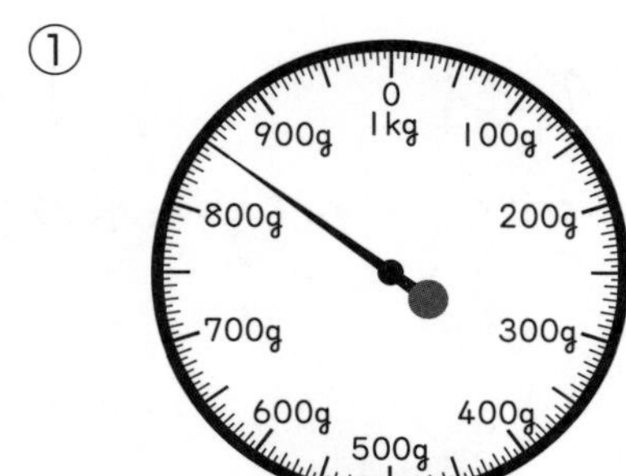

②

（　　　　　）　（　　　　　）

2 次の□にあてはまる数を書きましょう。

① 2000g=□kg　② 4kg=□g

③ 3500g=□kg□g

④ 7t=□kg

1kg=1000g
だね。

3 次の□にあてはまる数を書きましょう。

① 600g+900g=□kg□g

② 3kg500g+2kg700g=□kg□g

③ 8kg−400g=□kg□g

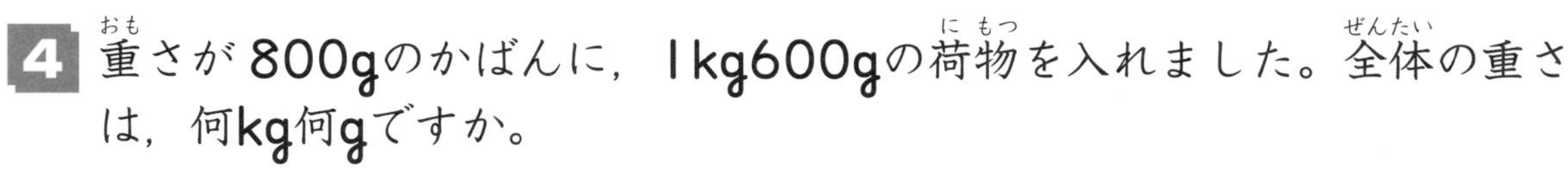

4 重さが800gのかばんに，1kg600gの荷物を入れました。全体の重さは，何kg何gですか。

式

答え（　　　　　　）

5 1kg700gの箱に本を入れて重さをはかったら，5kg200gありました。本の重さは何kg何gですか。

式

答え（　　　　　　）

かんがえよう！ ―算数とプログラミング―

①，②にあてはまるものを下の[　　]の中からえらんで記号で答えましょう。

・△kg400g＋1kg900g＝[①]kg300g

・□kg－1kg800g＝[②]kg200g

㋐	□－2	㋑	△＋2
㋒	□－1	㋓	△＋1

△が5なら，
5kg400g＋1kg900g
＝7kg300g
となるね。

①（　　　　　）　②（　　　　　）

18 円と球(1)

学習した日　　月　　日

答えは べっさつ 10 ページ

1 下の円の㋐，㋑，㋒の名前を書きましょう。

㋐（　　　　）

㋑（　　　　）

㋒（　　　　）

2 次(つぎ)の□にあてはまる数やことばを書きましょう。

① 円の直径(ちょっけい)の長さは，半径(はんけい)の長さの□倍(ばい)です。

② 1つの円では，半径はすべて□長さです。

③ 直径どうしは，円の□で交わります。

3 次の円の半径や直径の長さをもとめましょう。

① 半径が 4cmの円の直径

（　　　　）

② 半径が 10mの円の直径

（　　　　）

③ 直径が 16cmの円の半径

（　　　　）

④ 直径が 18mの円の半径

（　　　　）

4 右の図のような正方形の中に，円がぴったり入っています。この円の半径は何cmですか。

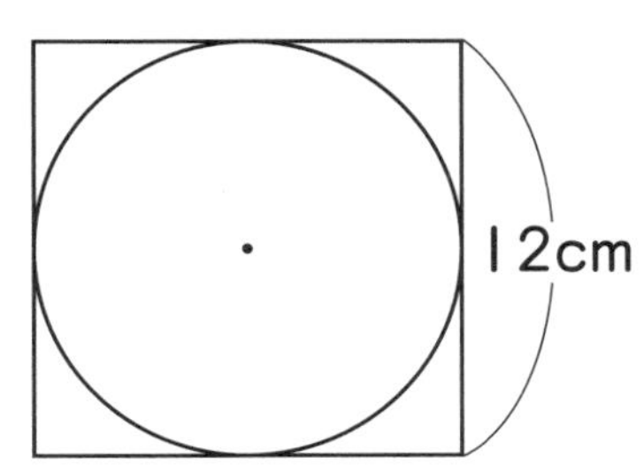

（　　　　）

5 右の図のような長方形の中に，同じ大きさの円が２こぴったり入っています。

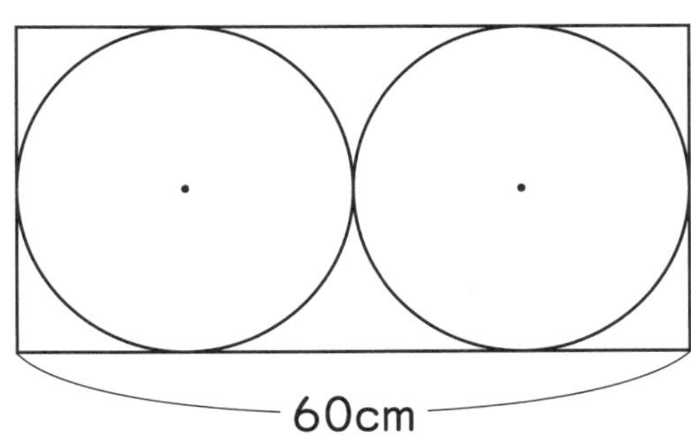

① この円の半径は何cmですか。

（　　　　）

② この長方形のたての長さは何cmですか。

（　　　　）

かんがえよう！ ー算数とプログラミングー

①，②にあてはまるものを下の［　］の中からえらんで記号で答えましょう。

「半径が8cmの円の直径は4cmです。」はまちがっています。

まちがいをせつめいしている文章は，［①］です。

正しい文章は，［②］です。

㋐ 半径が8cmの円の直径は32cmです。
㋑ 直径を半径の4倍としている。
㋒ 半径が8cmの円の直径は16cmです。
㋓ 直径を半径の半分としている。

①（　　　　）②（　　　　）

19 円と球(2)

学習した日　月　日

答えは べっさつ 11 ページ

1 下の図は，球を半分に切った切り口です。㋐，㋑，㋒の名前を書きましょう。

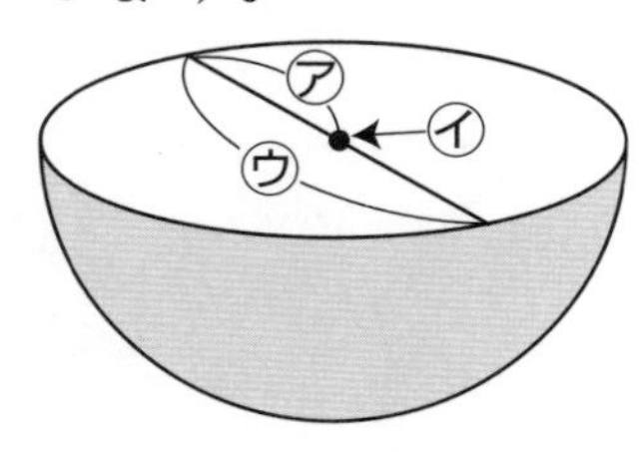

2 次の□にあてはまることばを書きましょう。

① 球の切り口の円がいちばん大きくなるのは，球を□に切ったときです。

② 球の表面から，球の□までの長さは，表面のどこからはかっても同じです。

3 次の球の半径や直径の長さをもとめましょう。

① 半径が 5cmの球の直径　（　　）

② 直径が 14cmの球の半径　（　　）

4 右の図のように，ボールをはさみました。このボールの直径と半径の長さは，それぞれ何cmですか。

直径（　　）

半径（　　）

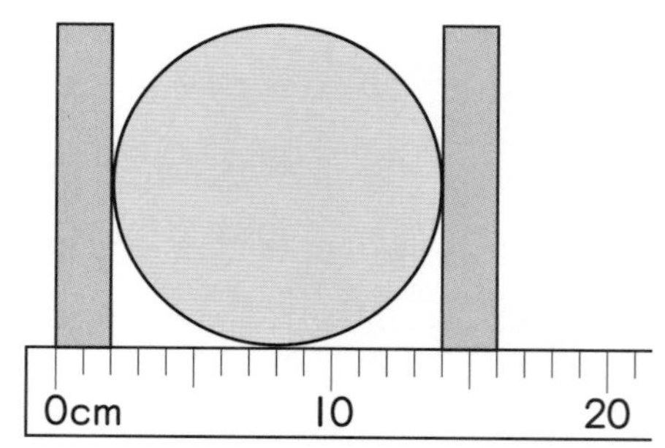

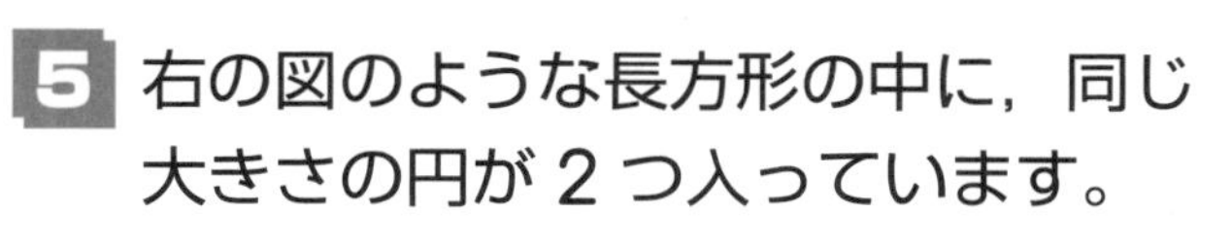

5 右の図のような長方形の中に，同じ大きさの円が 2 つ入っています。

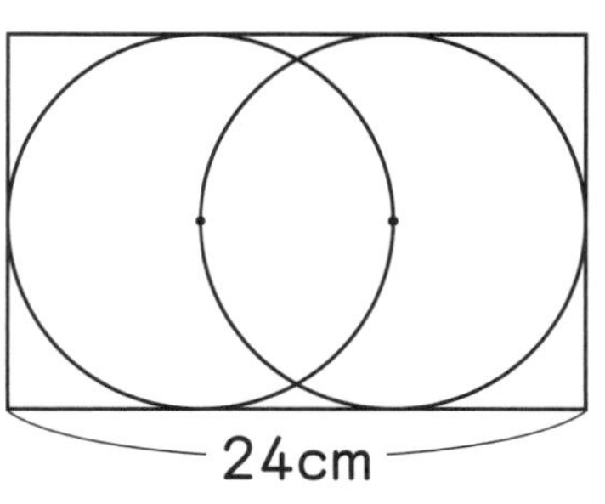

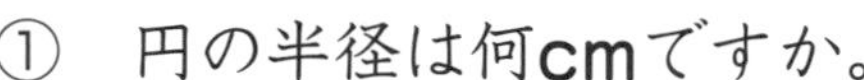

① 円の半径は何cmですか。

（　　　　）

② 長方形のたての長さは何cmですか。

（　　　　）

6 右の図のような箱に，同じ大きさのボールが 6 こぴったりと入っています。

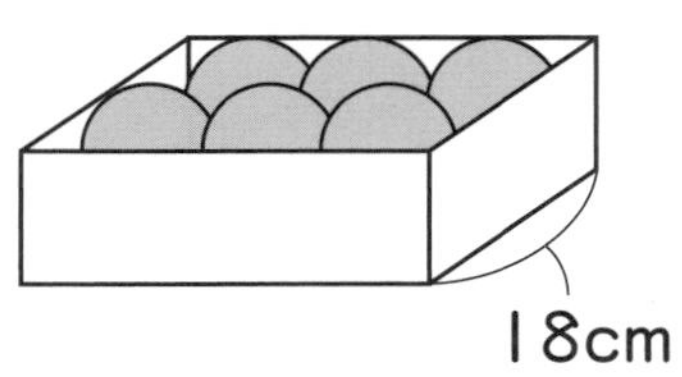

① ボールの直径は何cmですか。

（　　　　）

② 箱の横の長さは何cmですか。

（　　　　）

かんがえよう！ ―算数とプログラミング―

①，②にあてはまるものを下の[　　]の中からえらんで記号で答えましょう。

・1辺の長さが6cmの正方形にぴったり入る円の直径の長さは，

[①] cmです。

・1辺の長さが20cmの正方形にぴったり入る円の半径の長さは，

[②] cmです。

㋐ 20　㋑ 10　㋒ 12　㋓ 6

①（　　　　）　②（　　　　）

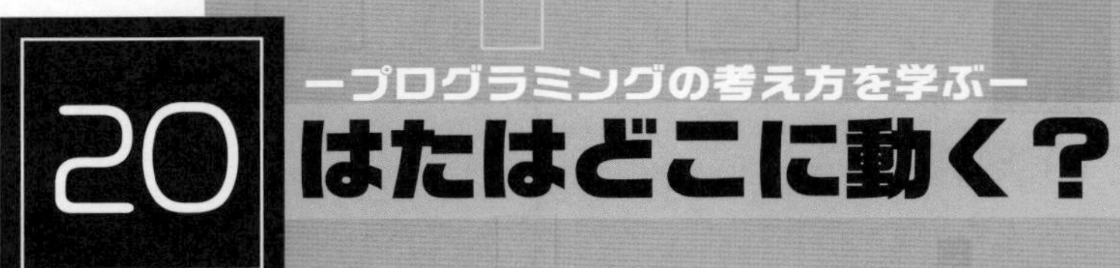

答えは べっさつ 11 ページ

下の図で，赤いはたを→の向き(む)に動(うご)かします。

（れい）赤いはたを，0 のますにおいて，次(つぎ)のように動かします。赤いはたは，どの数のますに動きますか。

① 4 ます進(すす)むことを 2 回くりかえす

↓

② 3 ます進むことを 4 回くりかえす

①4×2=8　だから，赤いはたは，8 ます進みます。
赤いはたは，8 のますに動きます。

②3×4=12　だから，赤いはたは，12 ます進みます。
8 のますから 12 ます進むので，8+12=20
19 のますの次は 0 のますになっているので，赤いはたは，0 のますに動きます。

（答え）　0 のます

じゅんばんに1つずつ考えていこう。

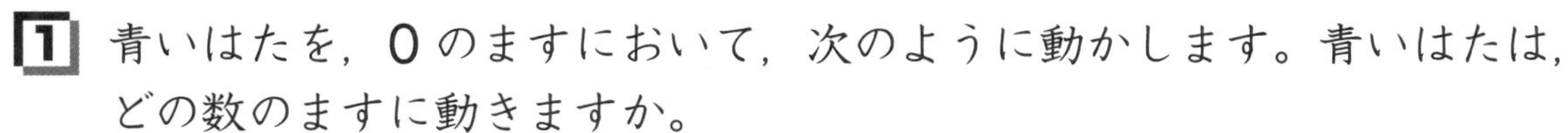

1 青いはたを，0 のますにおいて，次のように動かします。青いはたは，どの数のますに動きますか。

① 5 ます進むことを 3 回くりかえす
↓
6 ます進むことを 2 回くりかえす

（　　　　　）のます

② 2 ます進むことを 5 回くりかえす
↓
7 ます進むことを 3 回くりかえす
↓
3 ます進むことを 2 回くりかえす

（　　　　　）のます

2 白いはたを，11 のますにおいて，次のように動かします。白いはたは，どの数のますに動きますか。

8 ます進むことを 2 回くりかえす
↓
9 ます進むことを 3 回くりかえす
↓
2 ます進むことを 2 回くりかえす

白いはたは，
図を2しゅうするよ。

（　　　　　）のます

21 分数

学習した日　　月　　日

答えは べっさつ 12 ページ

1 下の図で，水のかさは何Lですか。分数で答えましょう。

①（　　　　）　②（　　　　）

2 次の□にあてはまる数を書きましょう。

① $\frac{4}{5}$は，$\frac{1}{5}$を□こ集めた数です。

② $\frac{1}{6}$を5こ集めた数は，□です。

③ $\frac{1}{9}$を□こ集めると，1になります。

3 次の数直線について答えましょう。

① 上の数直線は，0と1の間を何等分していますか。

（　　　　）

② ア，イ，ウのめもりが表す長さは，何mですか。

ア（　　　　）イ（　　　　）ウ（　　　　）

4 次の□にあてはまる等号(とうごう)や不等号(ふとうごう)を書きましょう。

① $0.6 \square \frac{7}{10}$　　② $\frac{3}{10} \square 0.3$

③ $\frac{11}{10} \square 1$　　④ $\frac{4}{9} \square \frac{5}{9}$

⑤ $1 \square \frac{3}{3}$　　⑥ $\frac{1}{8} \square 0$

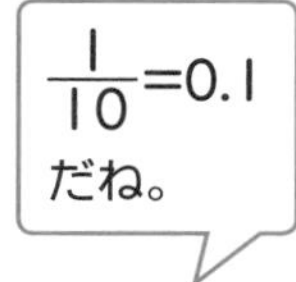

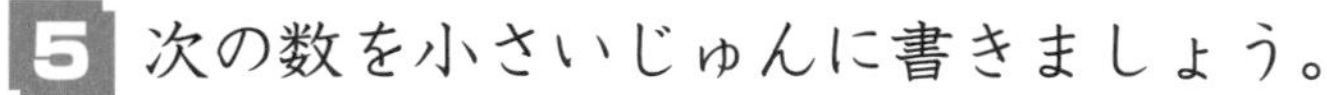

5 次の数を小さいじゅんに書きましょう。

$\frac{7}{10}$　0　1.4　$\frac{13}{10}$　1　0.8

(　　　　　　　　)

かんがえよう! —算数とプログラミング—

①，②にあてはまるものを下の[　　]の中からえらんで記号(きごう)で答えましょう。

$\frac{5}{7}$	$\frac{4}{7}$	$\frac{2}{7}$	$\frac{1}{7}$	$\frac{3}{7}$	$\frac{6}{7}$

・上のカードで，$\frac{3}{7}$より小さいものは，①まいです。

・上のカードで，$\frac{5}{7}$より大きいものは，②まいです。

㋐ 2　㋑ 1　㋒ 4　㋓ 3

①(　　　　)　②(　　　　)

22 分数のたし算・ひき算

学習した日　　月　　日

答えは べっさつ 12 ページ

1 次(つぎ)の計算をしましょう。

① $\frac{2}{5}+\frac{1}{5}$　　② $\frac{2}{6}+\frac{3}{6}$

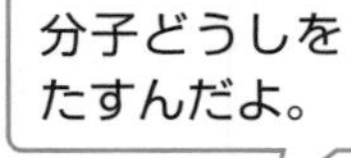

③ $\frac{3}{8}+\frac{4}{8}$　　④ $\frac{1}{9}+\frac{7}{9}$

⑤ $\frac{4}{5}-\frac{3}{5}$　　⑥ $\frac{5}{10}-\frac{3}{10}$

⑦ $\frac{7}{8}-\frac{1}{8}$　　⑧ $\frac{6}{9}-\frac{2}{9}$

2 次の計算をしましょう。

① $\frac{1}{4}+\frac{3}{4}$　　② $\frac{5}{7}+\frac{2}{7}$

③ $1-\frac{1}{6}$　　④ $1-\frac{3}{8}$

3 $\frac{3}{10}$mのテープと$\frac{6}{10}$mのテープがあります。2本のテープをあわせると何mになりますか。

式

答え（　　　　　）

4 やかんにお茶が1Lあります。$\frac{2}{9}$L飲みました。お茶は何Lのこっていますか。

式

答え（　　　　　）

かんがえよう！ ー算数とプログラミングー

①，②にあてはまるものを下の[　]の中からえらんで記号で答えましょう。

$$\frac{\triangle}{\bigcirc} + \frac{\square}{\bigcirc} = \frac{②}{①}$$

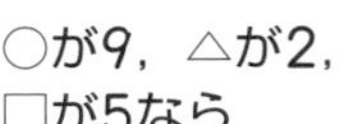

㋐　○　　　㋑　○＋○

㋒　△－□　　㋓　△＋□

①（　　　　　）　②（　　　　　）

23 □を使った式(1)

学習した日　　月　　日

答えは べっさつ13ページ

1 □にあてはまる数をもとめましょう。

① □+7=12

② 9+□=16

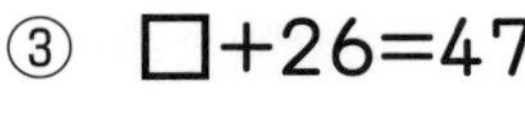

③ □+26=47

④ 53+□=71

⑤ 72+□=100

⑥ □−4=9

⑦ □−15=29

⑧ 11−□=3

⑨ 31−□=12

⑩ 100−□=25

2 次のある数を□として式に表して，□にあてはまる数をもとめましょう。

① ある数に 36 をたすと，78 です。

式

答え（　　　　）

② 93 からある数をひくと，24 です。

式

答え（　　　　）

3 さやかさんが，持(も)っているシールから妹に 17 まいあげたところ，のこりのシールが 28 まいになりました。

① わからない数を□まいとして，ひき算の式に表しましょう。

(　　　　　　　　)

② さやかさんがはじめに持っていたシールの数は何まいですか。

式

答え(　　　　　　)

かんがえよう！ ―算数とプログラミング―

①，②にあてはまるものを下の[　]の中からえらんで記号(きごう)で答えましょう。

・ある数□に，べつの数○をたすと，△になりました。
□にあてはまる数をもとめる式は，①です。

・ある数□から，べつの数☆をひくと，
◎になりました。□にあてはまる数をもとめる式は，
②です。

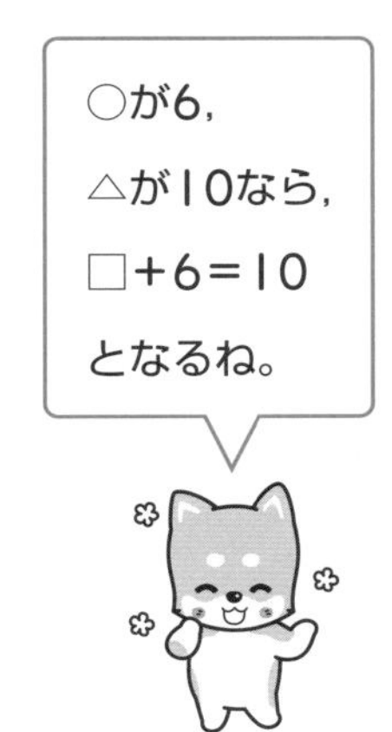

㋐	○−△	㋑	△−○
㋒	◎+☆	㋓	◎−☆

24 □を使った式(2)

学習した日　　月　　日

答えは べっさつ 13 ページ

1 □にあてはまる数をもとめましょう。

① □×6=48

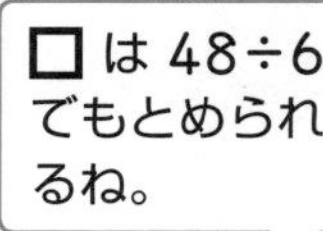

② □×4=40

③ □×3=63

④ 8×□=56

⑤ 4×□=48

⑥ □÷2=13

⑦ □÷3=20

⑧ □÷7=5 あまり 4

⑨ 45÷□=9

⑩ 53÷□=6 あまり 5

2 次のある数を□として式に表して，□にあてはまる数をもとめましょう。

① 9 にある数をかけると，99 です。

式

答え（　　　　）

② ある数を 4 でわると，23 です。

式

答え（　　　　）

3 32本のジュースを何人かで同じ数ずつ分けたところ，1人分が4本になりました。

① わからない数を□人として，わり算の式に表しましょう。

（　　　　　　　　）

② 分けた人数は何人ですか。

式

答え（　　　　）

かんがえよう！ ー算数とプログラミングー

①，②にあてはまるものを下の▭の中からえらんで記号（きごう）で答えましょう。

・ある数□に，べつの数○をかけると，△になりました。□にあてはまる数をもとめる式は，①です。

・ある数□を，べつの数☆でわると，◎になりました。□にあてはまる数をもとめる式は，②です。

㋐	△×○	㋑	◎×☆
㋒	△÷○	㋓	◎÷☆

ープログラミングの考え方を学ぶー

どんな計算になるかな？

学習した日　月　日

答えは べっさつ 14 ページ

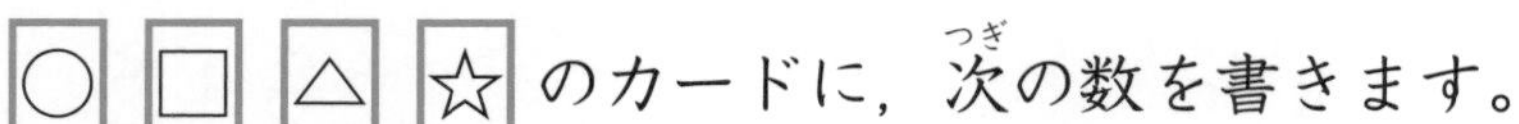

○ □ △ ☆ のカードに，次の数を書きます。

○←0.6　□←0.5　△←1.4　☆←1.7

(れい)次の計算をしましょう。

① ○+□

○に 0.6，□に 0.5 を入れると，0.6+0.5 です。

(答え) 1.1

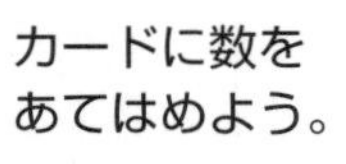

② △+□−○

△に 1.4，□に 0.5，○に 0.6 を入れると，1.4+0.5−0.6 です。

(答え) 1.3

1 上のカードを使って次の計算をしましょう。

① ○+△

(　　　　)

② ☆−□

(　　　　)

③ ○+☆−△

(　　　　)

2 ○ □ △ ☆ のカードに，次の数を書きます。

○←0.3　　□←2.4　　△←5.2　　☆←3.8

上のカードを使って次の計算をしましょう。

① ○＋☆

（　　　　）

② △－□

（　　　　）

③ □＋☆＋△

（　　　　）

④ ☆－○－□

（　　　　）

⑤ △－○＋☆

（　　　　）

26 三角形(1)

学習した日 月 日

答えは べっさつ 14 ページ

1 次(つぎ)の□にあてはまることばを書きましょう。

① 2つの辺(へん)の長さが等(ひと)しい三角形を □ といいます。

② 3つの辺の長さが等しい三角形を □ といいます。

2 コンパスを使(つか)って，二等辺三角形(にとうへんさんかくけい)と正三角形(せいさんかくけい)をすべてえらび，記号(きごう)で答えましょう。

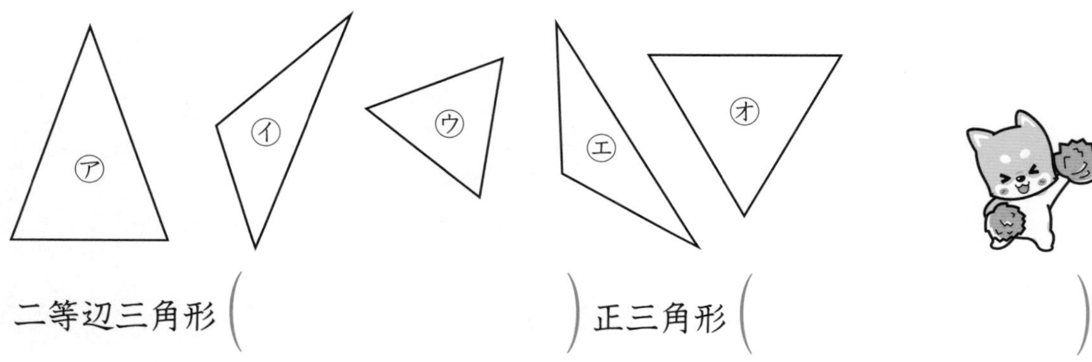

二等辺三角形（　　　　）正三角形（　　　　）

3 じょうぎとコンパスを使って，次の三角形をかきましょう。

① 辺の長さが 5cm，4cm，4cmの二等辺三角形

② 1辺(ぺん)の長さが 5cmの正三角形

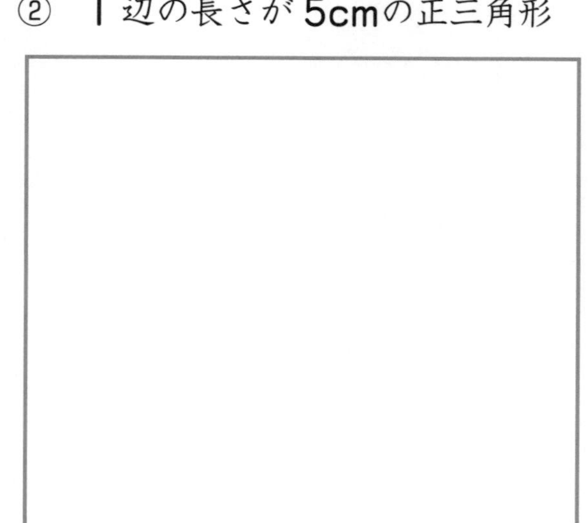

4 下の図のように紙を半分におって，点線のところをはさみで切ります。紙を開(ひら)いてできる三角形の名前を答えましょう。

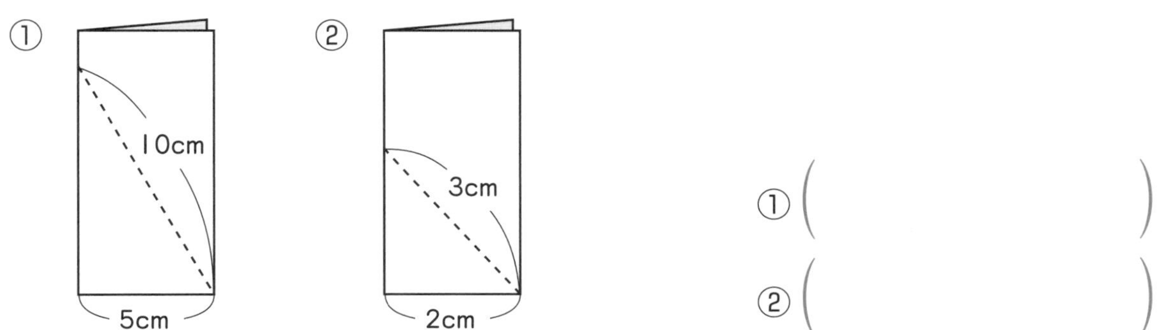

①（　　　　　）

②（　　　　　）

かんがえよう！ ー算数とプログラミングー

①，②にあてはまるものを下の[ ]の中からえらんで記号で答えましょう。

下の図で，正三角形には青をぬります。二等辺三角形には赤をぬります。

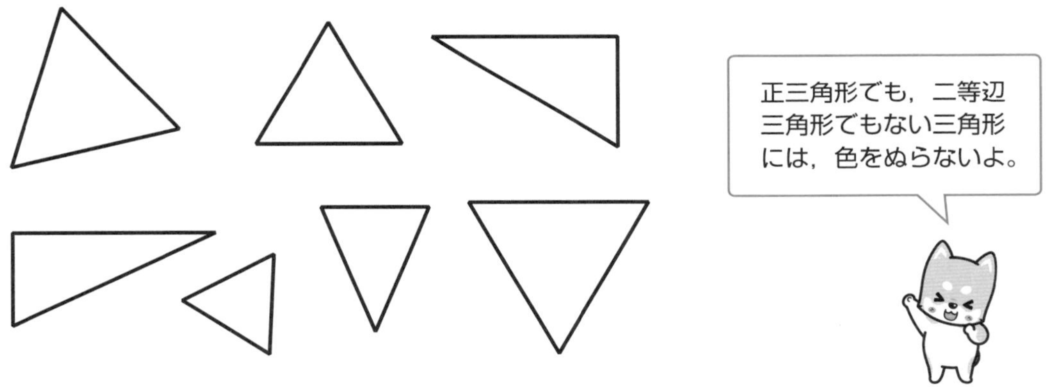

・青にぬられた形は［①］つ，赤にぬられた形は［②］つになります。

①（　　　　　）　②（　　　　　）

27 三角形(2)

学習した日　月　日

答えは べっさつ 15 ページ

1 角の大きいじゅんに記号(きごう)を書きましょう。

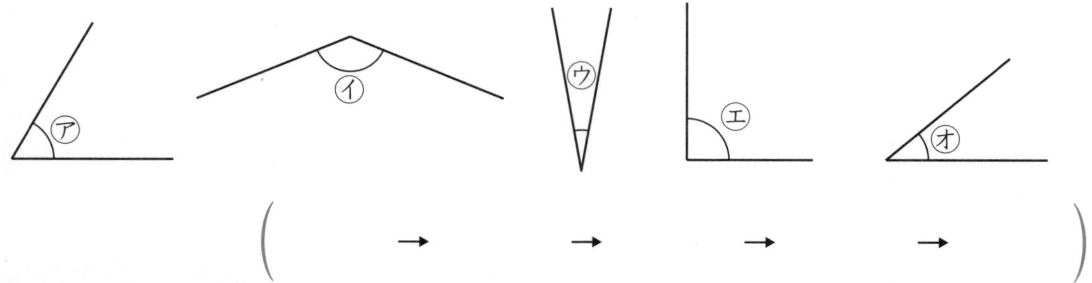

(　　→　　→　　→　　→　　)

2 次(つぎ)の□にあてはまる数を書きましょう。

① 正三角形(せいさんかくけい)では，□つの角の大きさがすべて等(ひと)しい。

② 二等辺三角形(にとうへんさんかくけい)では，□つの角の大きさが等しい。

3 同じ形の三角じょうぎを 2 まいならべて，三角形をつくりました。できた三角形の名前を答えましょう。

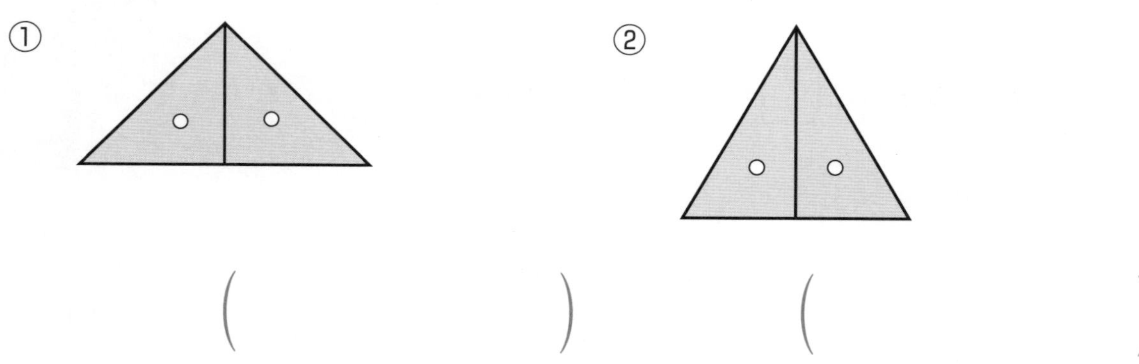

①(　　　　)　②(　　　　)

③(　　　　)

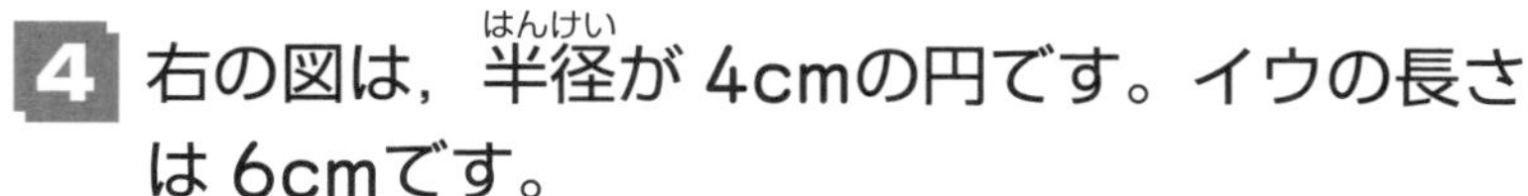

4 右の図は，半径(はんけい)が 4cmの円です。イウの長さは 6cmです。

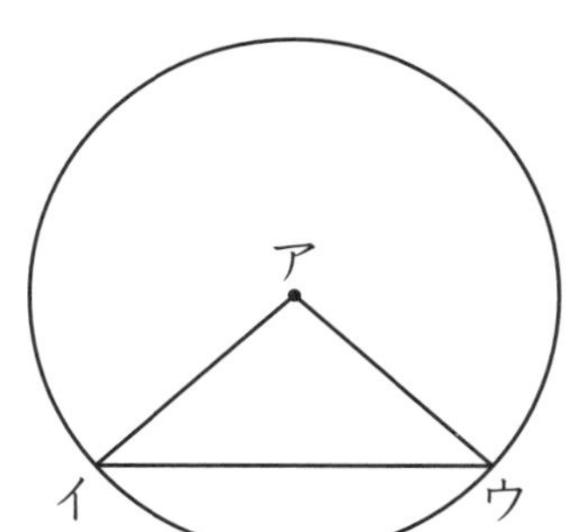

① 三角形アイウは，何という三角形ですか。

(　　　　　　)

② 三角形アイウのまわりの長さは何cmですか。

(　　　　　　)

5 右の図は，半径が 4cmの円の中心をむすんで，三角形をかいたものです。

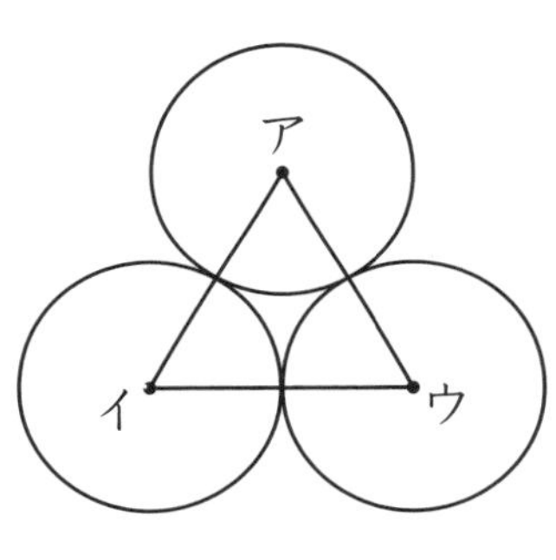

① 三角形アイウは，何という三角形ですか。

(　　　　　　)

② 三角形アイウのまわりの長さは，何cmですか。

(　　　　　　)

かんがえよう！ ー算数とプログラミングー

①，②にあてはまるものを下の[　　]の中からえらんで記号で答えましょう。

・正三角形では，3本の [①] の長さがすべて等しい。

・二等辺三角形では，2つの [②] の大きさが等しい。

㋐ 辺　㋑ 角　㋒ 点

①(　　　　　　) ②(　　　　　　)

28 計算のじゅんじょときまり

学習した日　　月　　日

答えは べっさつ 15 ページ

1 次(つぎ)の□にあてはまる数を書きましょう。

① $(8+2)\times 7=(8\times \square)+(2\times \square)$

② $(14+26)\times 5=(14\times \square)+(26\times \square)$

③ $(3\times 35)+(7\times 35)=(3+7)\times \square$

④ $(46\times 17)+(54\times 17)=(46+54)\times \square$

⑤ $(83-73)\times 9=(83\times \square)-(73\times \square)$

⑥ $(54\times 6)-(24\times 6)=(54-24)\times \square$

2 計算がかんたんになるように，式(しき)にかっこをつけて計算しましょう。

① 37　×　5　×　2

② 29　×　25　×　4

③ 97　×　4　×　25

3 大・中・小の３しゅるいの水そうがあります。大の水そうには中の水そうの２倍(ばい)，中の水そうには小の水そうの５倍の水が入ります。小の水そうには１３Ｌの水が入ります。大の水そうには水が何Ｌ入りますか。

式

答え（　　　　　）

4 28cmのテープを４本ずつ，25人に配(くば)ります。テープは全部(ぜんぶ)で何mいりますか。１つの式に表(あらわ)してもとめましょう。

式

答え（　　　　　）

かんがえよう！ ―算数とプログラミング―

①，②にあてはまるものを下の[　]の中からえらんで記号(きごう)で答えましょう。

・(○＋△)×☆ の計算を考えます。

(○＋△)×☆＝○×[①]＋△×[①] です。

・(○×△)＋(☆×△) の計算を考えます。

(○×△)＋(☆×△)＝([②])×△ です。

㋐ ○＋△　　㋑ ☆

㋒ ○×☆　　㋓ ○＋☆

①（　　　　）②（　　　　）

29 ぼうグラフと表

学習した日　　月　　日

答えは べっさつ 16 ページ

1 右のぼうグラフは，３年１組ですきなおかしを調べて表したものです。

① グラフの１めもりは，何人を表していますか。

（　　　　）

② プリンがすきな人は，チョコがすきな人より何人多いですか。

（　　　　）

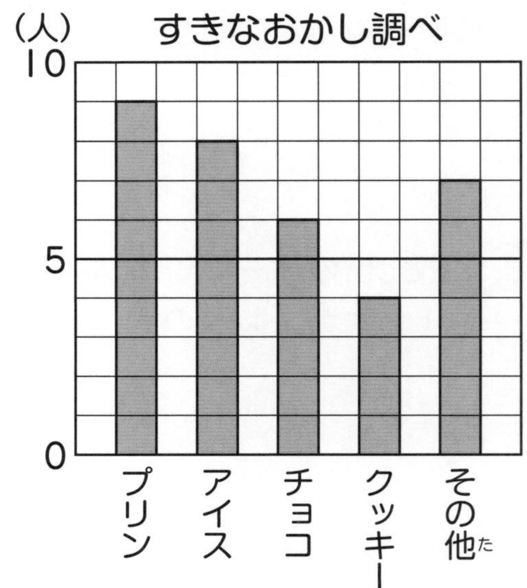

2 下の表は，３年２組ですきな動物を調べて表したものです。右のぼうグラフに表しましょう。

すきな動物調べ

動物	人数（人）
犬	7
ねこ	5
うさぎ	4
鳥	3
その他	6

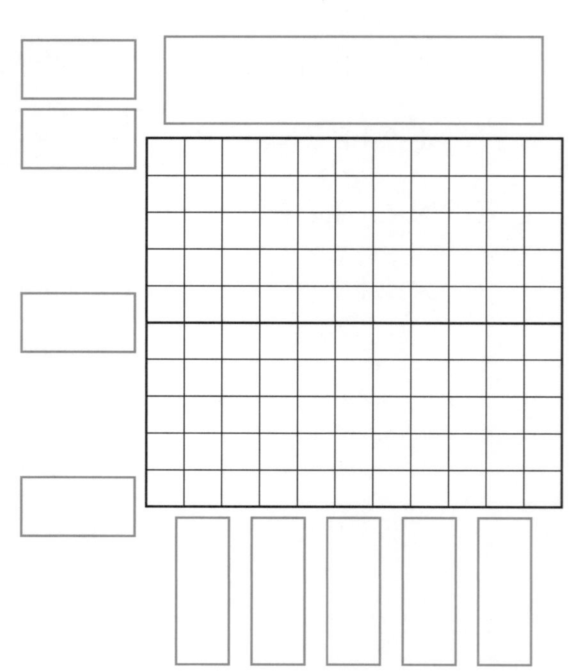

3 下の表は，さくらさんの学校の図書室で，３年生が１週間にかりた本の数を調べたものです。

かりた本調べ　　　　（さつ）

しゅるい＼組	１組	２組	合計
物語	12	ウ	23
図かん	ア	8	17
スポーツ	7	エ	オ
その他	イ	15	33
合計	46	39	カ

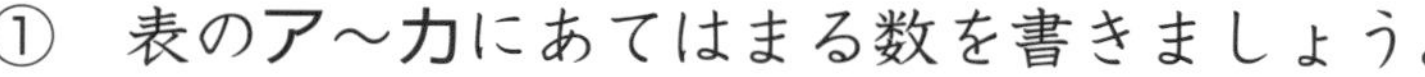

① 表のア～カにあてはまる数を書きましょう。

② 表のウに入る数は，何を表していますか。

（　　　　　　　　　　）

③ １週間にかりた本の合計は何さつですか。

（　　　　）

かんがえよう！ ―算数とプログラミング―

①，②にあてはまるものを下の［　　］の中からえらんで記号で答えましょう。

左のページの **1** のぼうグラフで，グラフの１めもりが２人を表しているとすると，プリンがすきな人は ① 人です。また，グラフの１めもりが５人を表しているとすると，クッキーがすきな人は，② 人です。

㋐ 18　㋑ 20　㋒ 27　㋓ 40

①（　　　　）　②（　　　　）

30 —プログラミングの考え方を学ぶ— 形を分けよう！

答えは べっさつ 16 ページ

1 下のような 6 つの三角形があります。

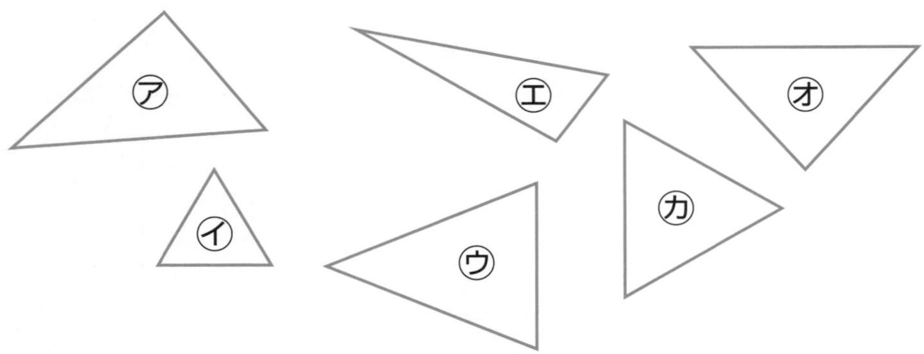

これを次のように分けていきます。

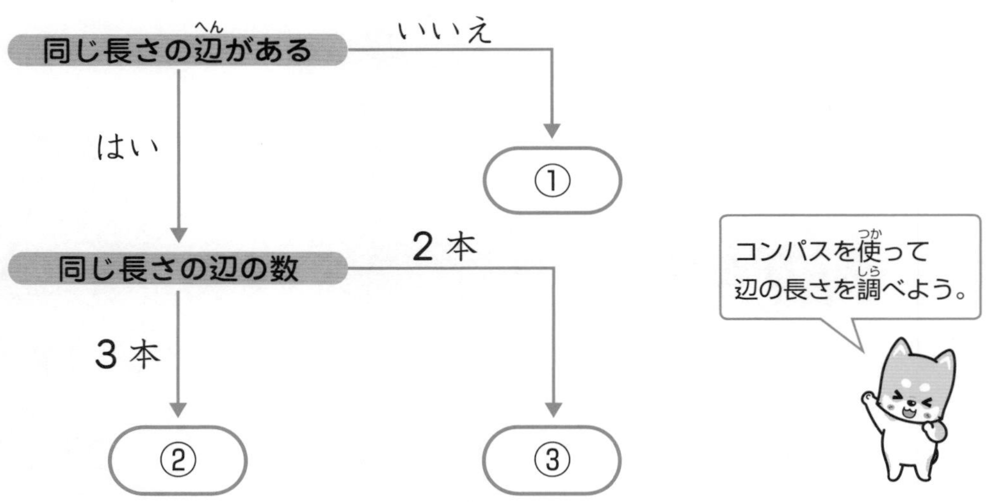

①〜③にあてはまる形を記号ですべて答えましょう。

①（　　　　）

②（　　　　）

③（　　　　）

2 下のような８つの三角形があります。

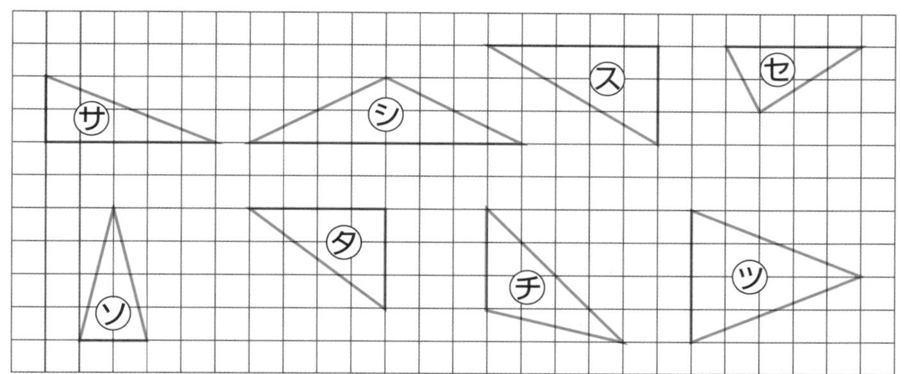

これを次のように分けていきます。

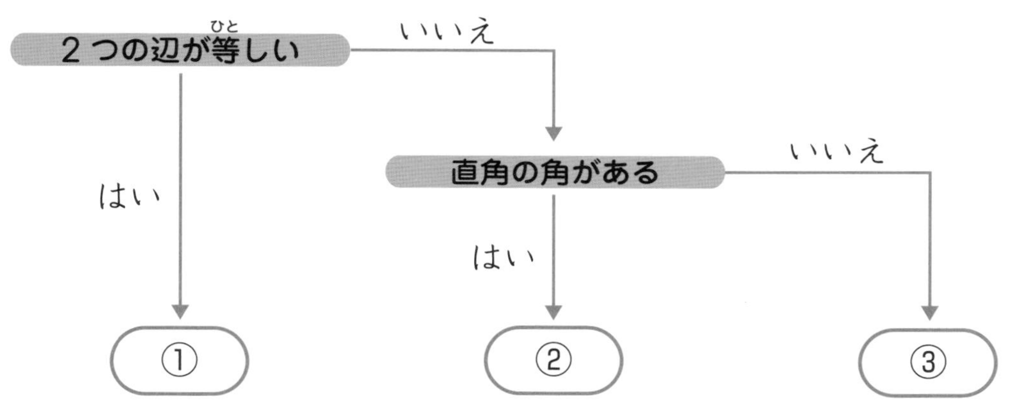

①～③にあてはまる形を記号ですべて答えましょう。

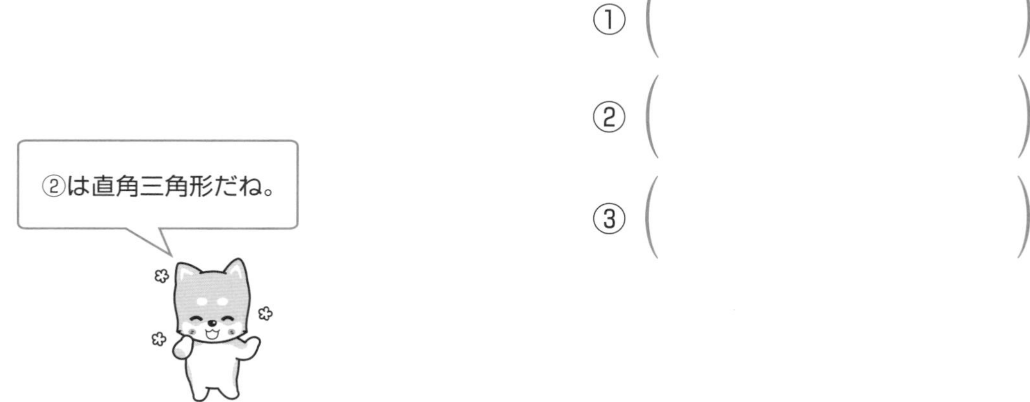

初版
第１刷　2020年５月１日　発行

●編 者
数研出版編集部
●カバー・表紙デザイン
株式会社クラップス

発行者　星野 泰也

ISBN978-4-410-15349-5

チャ太郎ドリル　小3　算数とプログラミング

発行所　数研出版株式会社

〒101-0052 東京都千代田区神田小川町２丁目３番地３
〔振替〕00140-4-118431
〒604-0861 京都市中京区烏丸通竹屋町上る大倉町205番地
〔電話〕代表（075)231-0161
ホームページ　https://www.chart.co.jp
印刷　河北印刷株式会社
乱丁本・落丁本はお取り替えいたします　200301

解答と解説

算数とプログラミング 3年

1 かけ算のきまり

解答

1 ① 3　② 9

2 ① 2　② 5　③ 7　④ 5

3 ① 0　② 0　③ 0　④ 60　⑤ 70　⑥ 100

4 ① 8　② 4

5 ① 5　② 8　③ 6　④ 8　⑤ 7　⑥ 3　⑦ 9　⑧ 8

6 式　10×9=90

答え　90本

かんがえよう!

① ㋒　② ㋑

解説

1 **2**

ポイント

・かける数が1ふえると，答えはかけられる数だけ大きくなり，かける数が1へると，答えはかけられる数だけ小さくなる。

・かけられる数とかける数を入れかえて計算しても，答えは同じになる。

3 どんな数に0をかけても，0にどんな数をかけても，答えは0になります。

4 かけられる数やかける数のだんの九九を使って答えを見つけます。

かんがえよう!

□に入る数は，上の行は左から7，4，5，下の行は左から7，7，5です。

2 わり算

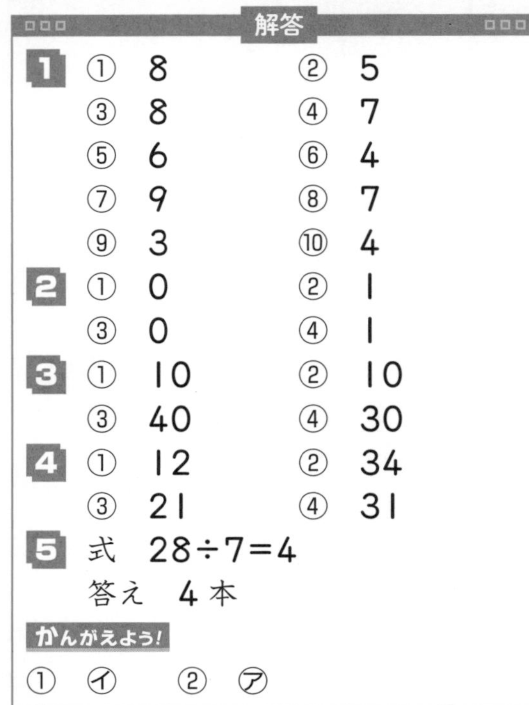

解答

1 ① 8　② 5　③ 8　④ 7　⑤ 6　⑥ 4　⑦ 9　⑧ 7　⑨ 3　⑩ 4

2 ① 0　② 1　③ 0　④ 1

3 ① 10　② 10　③ 40　④ 30

4 ① 12　② 34　③ 21　④ 31

5 式　28÷7=4

答え　4本

かんがえよう!

① ㋑　② ㋐

解説

1 ① 16 ÷ 2 =8

（16：わられる数，2：わる数）

わり算の答えは，わる数のだんの九九を使って見つけます。16÷2の答えは，2×□=16の□にあてはまる数です。

2 0を0でないどんな数でわっても，答えは0になります。

3 ③ 80は10が8こ，80÷2は，10が(8÷2)こと考えます。

4 ① 24 ＜ 20…20÷2=10 ／ 4… 4÷2= 2

合計　12

かんがえよう!

わり算の答えは，上の行は左から5，2，4，3，下の行は左から3，4，4，5です。

3 あまりのあるわり算

解答

1
① 7あまり1　② 6あまり2
③ 7あまり2　④ 8あまり3
⑤ 3あまり4　⑥ 5あまり5
⑦ 4あまり3　⑧ 8あまり4

2
① 13　② 51
③ 41　④ 59

3 式　19÷3=6 あまり 1
答え　6人に分けられて,1こあまる。

4 式　47÷8=5 あまり 7
5+1=6
答え　6回

5 式　67÷7=9 あまり 4
9+1=10
答え　10本

かんがえよう!
① ㋑　② ㋒

解説

1 わり算の答えは，わる数のだんの九九を使って見つけます。あまりは，わる数より小さくなるように気をつけます。

2 ①□÷3=4 あまり 1 の□はわられる数なので，答えのたしかめの式で求めることができます。

3 × 4 + 1 = 13
（わる数）（商）（あまり）（わられる数）

4 あまりの本を運ぶのに，もう 1 回かかります。

5 あまりの 4dL を入れるのに，びんがもう 1 本いります。

かんがえよう!
あまりは，上の行は左から2，0，1，0，2，下の行は左から1，2，0，1，0。

4 おはじきを動かそう！

解答

1 16
2 18
3 ① 4　② 9　③ 7

解説

1 スタートから8ます進むと，おはじきは，8のますに動きます。そこから，6ます進むと，14のますに動きます。次に2ます進むと，16のますに動きます。おはじきは，
8+6+2=16 動くことになります。

2 おはじきの動きは，たし算で求められます。4+1+6+7=18
おはじきは，18のますに動きます。

3 ①7ますと9ますと□ます進むと20のますに動くので，16にどんな数をたすと20になるかを考えます。□に入る数は，
20−16=4です。

ポイント
全部たして，20にすると考えます。

②6ます進んで，そのあと，5ます進んでいるので，ここまでで，6+5=11（ます）進んでいることがわかります。①と同様に，11にどんな数をたすと20になるかを考えます。

③9ます進み，□ます進み，4ます進んで，20のますに動いたということは，9ます進み，4ます進み，□ます進んで，20のますに動いたとも考えられます。あとは，②と同様に考えます。

5 たし算

解答

1 ① 493　② 1247
③ 1011　④ 695
⑤ 440　⑥ 1002
⑦ 6272　⑧ 2031

2 ①
```
  426
 +895
 ----
 1321
```
②
```
  2078
 + 624
 -----
  2702
```

3 式　850+365=1215
答え　1215円

4 式　167+36=203
答え　203ページ

かんがえよう!
①　㋓　②　㋐

解説

1 たし算の筆算は，けた数が大きくなっても，位をそろえて書いて一の位から順に計算します。

②③⑥⑦⑧百の位から千の位にくり上げます。

くり上げた1をたすのを忘れないようにします。

2 位をたてにそろえて書いて，一の位から順に計算します。

3 全部の代金を求めるので，たし算になります。

4 全部のページ数を求めるので，たし算になります。

かんがえよう!

一の位の計算は4+9で13，十の位に1くり上がります。十の位の計算は1+6+3で10，百の位に1くり上がります。百の位の計算は1+△となります。①は1+△，②は0となります。くり上がりに注意します。

6 ひき算

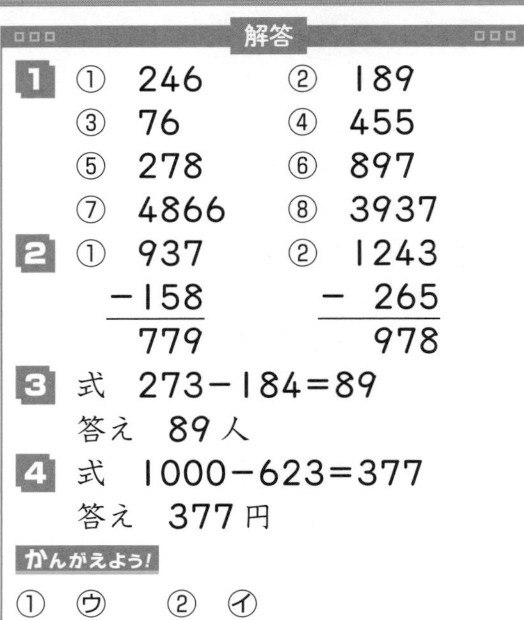

解答

1 ① 246　② 189
③ 76　④ 455
⑤ 278　⑥ 897
⑦ 4866　⑧ 3937

2 ①
```
  937
 -158
 ----
  779
```
②
```
  1243
 - 265
 -----
   978
```

3 式　273−184=89
答え　89人

4 式　1000−623=377
答え　377円

かんがえよう!
①　㋒　②　㋑

解説

1 ひき算の筆算は，けた数が大きくなっても，位をそろえて書いて一の位から順に計算します。

⑥⑦十の位が0なので，百の位から1くり下げてから，一の位へくり下げます。

⑧百の位が0なので，千の位から1くり下げてから，十の位へくり下げます。

ポイント
1つ上の位からくり下げられないときは，もう1つ上の位からくり下げる。

3 少ないほうの数を求めるので，ひき算です。

かんがえよう!

くり下がりに注意します。十の位の計算は9−4=5，百の位の計算は△−1−○となります。

7 時こくと時間

解答

1 ① 午前9時25分
② 午後3時25分
③ 午前9時25分

2 ① 4時間
② 3時間50分

3 ① 3　② 300
③ (じゅんに) 1, 40

4 ① (じゅんに) 4, 5
② 25

5 35分(間)

かんがえよう!
① ㋐　② ㋓

解説

1 ① 45分 < 午前9時まで 20分 / 午前9時から 25分

②午後4時から30分前の時刻は，午後3時30分です。その5分前と考えます。

③午前10時20分から60分前の時刻は，午前9時20分です。その5分後と考えます。

2 ②午前9時50分から午後1時50分までの時間は4時間，それより10分短いと考えます。

3 ① 60秒=1分

4 同じ単位の数どうしを計算します。

5 午前10時35分から午前11時までの時間は25分，午前11時から午前11時10分までの時間は10分，あわせて35分です。

かんがえよう!

10時35分から55分進めると，11時30分になり，さらに1時間45分進めると，1時15分になります。

8 長さ

解答

1 ① 2m70cm
② 2m93cm
③ 3m8cm
④ 3m25cm

2 ① 3　② 5000
③ (じゅんに) 6, 700

3 (それぞれ，じゅんに)
① 3, 800
② 5, 500
③ 1, 500
④ 2, 200
⑤ 6, 700

4 ① 980m
② 式 480m+720m
=1200m
(1200m=1km200m)
答え 1km200m
③ 式 1200m−980m
=220m
答え 220m

かんがえよう!
① ㋓　② ㋐

解説

2 1km=1000mから考えます。

3 同じ単位の数どうしを計算します。

4 ポイント
・きょり…まっすぐにはかった長さ
・道のり…道にそってはかった長さ

かんがえよう!

①は，△+1+1=△+2となります。
②は，□−1−1=□−2となります。

9 ロボットを動かそう！

解答

1 ① ㋐　② ㋗

2 （上から）

|ます進む，右にまわる，
|ます進む

解説

1 ①

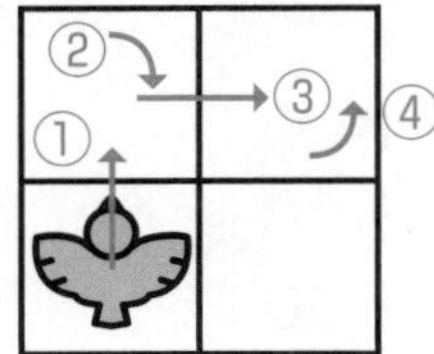

となるので，答えは㋐です。

②

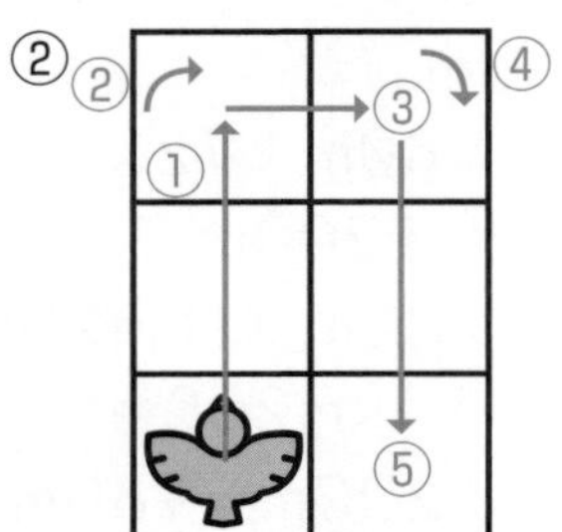

となるので，答えは㋗です。

2

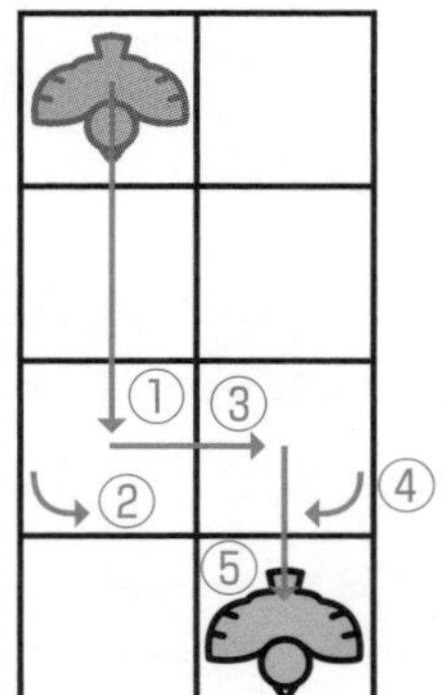

答えるのは，③，④，⑤です。

ポイント

まわるときは，右なのか，左なのかに注意しましょう。

10 1億までの数

解答

1 ① 35089
② 60704002
③ 79000000

2 ① 10万
② ㋐ 9060万
㋑ 9150万
㋒ 9230万

3 ① <　② >

4 ① 430万　② 100000
③ 60000　④ 7600万

5 10倍した数　6200
100倍した数　62000
10でわった数　62

かんがえよう！

① ㊀　② ㋑

解説

2 ① |めもりは，10こで100万になる数なので10万です。

3 ②けた数が同じときは，大きい位の数字からくらべていきます。

5 ポイント

・数を10倍すると，位が|つ上がり，もとの数字の右に0を|こつけた数になる。

・一の位が0の数を10でわると，位が|つ下がり，一の位の0をとった数になる。

かんがえよう！

500万より小さいものは，90万だけなので|まいです。

11 かけ算の筆算(1)

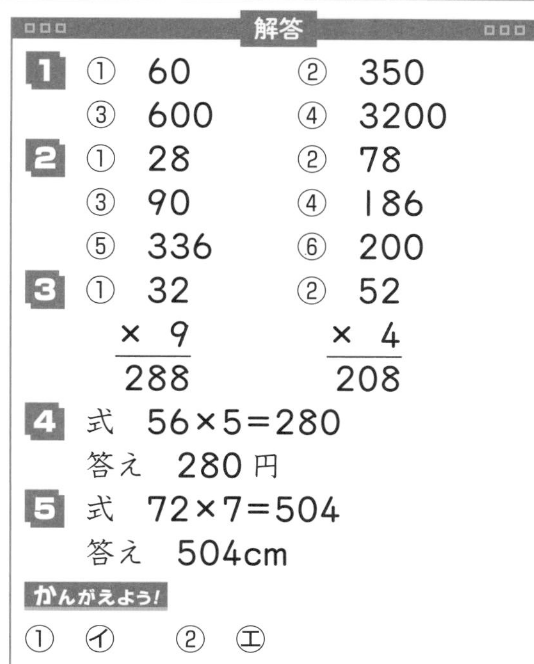

解答

1 ① 60　② 350
③ 600　④ 3200

2 ① 28　② 78
③ 90　④ 186
⑤ 336　⑥ 200

3 ①
$$\begin{array}{r} 32 \\ \times \ \ 9 \\ \hline 288 \end{array}$$
②
$$\begin{array}{r} 52 \\ \times \ \ 4 \\ \hline 208 \end{array}$$

4 式　56×5=280
答え　280 円

5 式　72×7=504
答え　504cm

かんがえよう!
①　㋑　　②　㋓

解説

1 ①② 10 を 1 まとまりとして考えます。
③④ 100 を 1 まとまりとして考えます。

2 一の位から順に計算していきます。
②③⑤⑥くり上げた数をたすのを忘れないようにします。

3
ポイント
かけ算の筆算は，位をそろえて書いて，一の位から計算する。

4 式は，1 この値段×買ったこ数となります。

かんがえよう!

筆算の答えは，2×4+30×4 を計算したものになります。

12 かけ算の筆算(2)

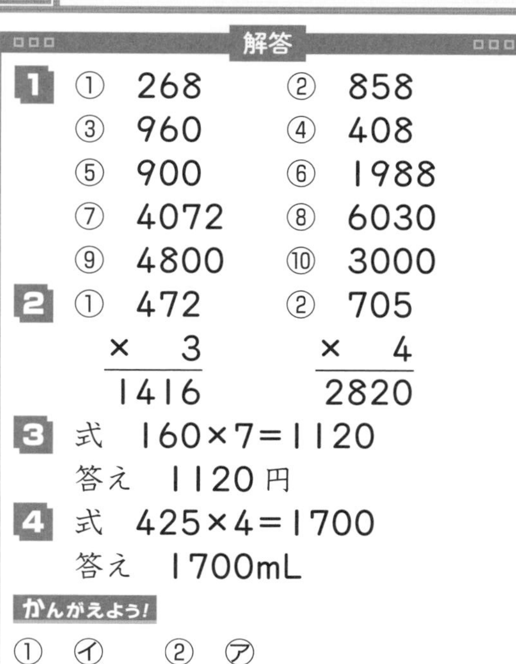

解答

1 ① 268　② 858
③ 960　④ 408
⑤ 900　⑥ 1988
⑦ 4072　⑧ 6030
⑨ 4800　⑩ 3000

2 ①
$$\begin{array}{r} 472 \\ \times \ \ \ 3 \\ \hline 1416 \end{array}$$
②
$$\begin{array}{r} 705 \\ \times \ \ \ 4 \\ \hline 2820 \end{array}$$

3 式　160×7=1120
答え　1120 円

4 式　425×4=1700
答え　1700mL

かんがえよう!
①　㋑　　②　㋐

解説

1 一の位から順に計算していきます。
④
$$\begin{array}{r} 102 \\ \times \ \ \ 4 \\ \hline 408 \end{array}$$
↑―4×0=0

2 位をそろえて書いて，一の位から順に計算していきます。

3 式は，1 本の値段×買った本数となります。

4 4 倍なので，式は，小さいポットの水のかさ×4 となります。

かんがえよう!

筆算の答えは，3×2+20×2+400×2 を計算したものになります。

13 かけ算の筆算(3)

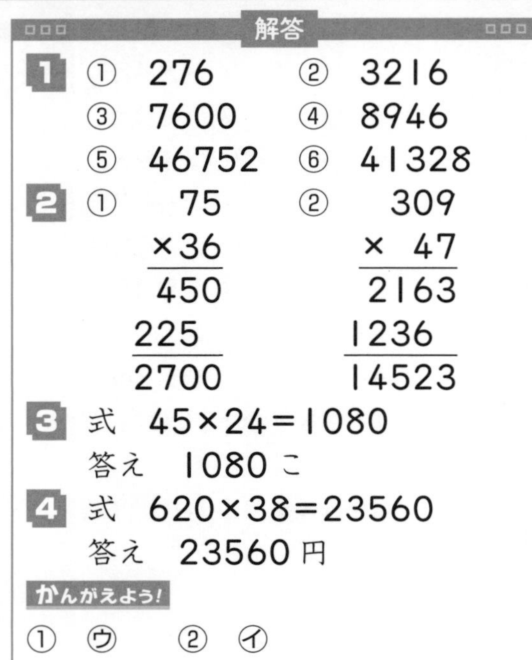

解答

1 ① 276　② 3216
③ 7600　④ 8946
⑤ 46752　⑥ 41328

2 ①

```
   75
 ×36
  450
 225
 2700
```

②

```
   309
 ×  47
  2163
 1236
 14523
```

3 式　45×24=1080
答え　1080こ

4 式　620×38=23560
答え　23560円

かんがえよう!

①　㋒　②　㋑

解説

1 ①

```
   12
 ×23
   36 ← 12×3
  240 ← 12×20
  276
```

④

```
   213
 ×  42
   426 ← 213×2
  8520 ← 213×40
  8946
```

2 位をそろえて書いて，計算します。

3 式は，1箱のこ数×箱の数　となります。

かんがえよう!

筆算の答えは，32×3+32×10を計算したものになります。

14 5けたの数をつくろう！

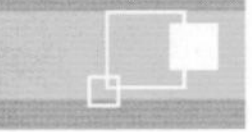

解答

1 67120

2 ① 75981　② 75982

3 ②でできた数

解説

1 左から3番目に1→ | | | 1 | | |
右から4番目に7→ | | 7 | 1 | | |
右から1番目に0→ | | 7 | 1 | | 0 |
左から1番目に6→ | 6 | 7 | 1 | | 0 |
右から2番目に2→ | 6 | 7 | 1 | 2 | 0 |

できる数は，67120です。

2 ①右から2番目に　4×2=8　を入れる。
左から3番目に　27−18=9　を入れる。
右から5番目に　21÷3=7　を入れる。
左から5番目に　50−49=1　を入れる。
右から4番目に　25÷5=5　を入れる。
できる数は，75981です。

②左から4番目に　6.4+1.6=8　を入れる。
右から3番目に　10.2−1.2=9　を入れる。
右から5番目に　2.7+4.3=7　を入れる。
左から2番目に　13.6−8.6=5　を入れる。
右から1番目に　0.5+1.5=2　を入れる。
できる数は，75982です。

15 小数

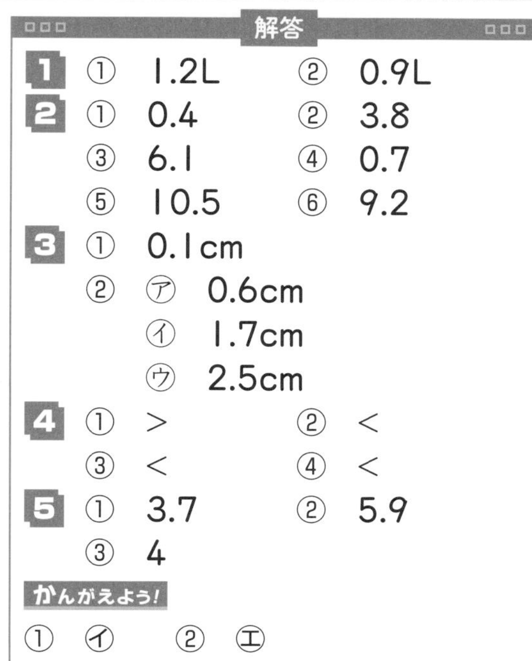

解答

1 ① 1.2L　② 0.9L

2 ① 0.4　② 3.8
③ 6.1　④ 0.7
⑤ 10.5　⑥ 9.2

3 ① 0.1cm
② ㋐ 0.6cm
㋑ 1.7cm
㋒ 2.5cm

4 ① >　② <
③ <　④ <

5 ① 3.7　② 5.9
③ 4

かんがえよう!

① ㋑　② ㋓

解説

1 1Lを10等分した1こ分のかさが0.1Lです。

2 ポイント
・1cmを10等分した長さが0.1cm
1mm=0.1cm
・1dL=0.1L

3 ①いちばん小さい1めもりは，1cmを10等分した長さなので，0.1cmです。

5 ②1が5こで5，0.1が9こで0.9，あわせて5.9です。
③0.1を10こ集めた数は1，それが4こで4です。

かんがえよう!

1より小さいものは，0，0.1，0.9の3まい，2.6より大きいものは，2.9の1まいです。

16 小数のたし算・ひき算

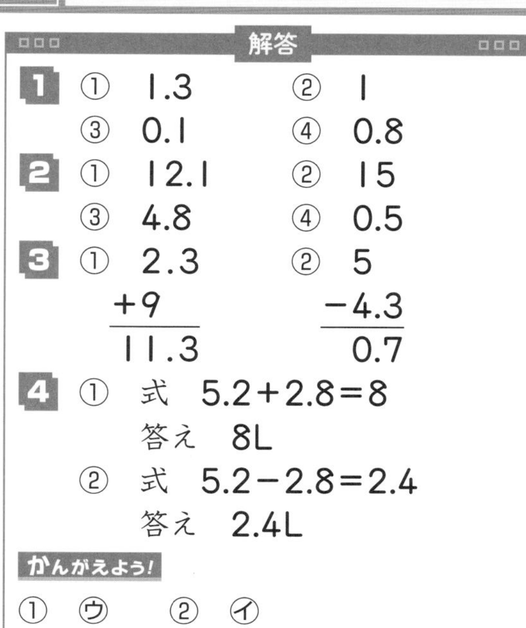

解答

1 ① 1.3　② 1
③ 0.1　④ 0.8

2 ① 12.1　② 15
③ 4.8　④ 0.5

3 ①
$$\begin{array}{r} 2.3 \\ +9 \\ \hline 11.3 \end{array}$$
②
$$\begin{array}{r} 5 \\ -4.3 \\ \hline 0.7 \end{array}$$

4 ① 式　5.2+2.8=8
答え　8L
② 式　5.2−2.8=2.4
答え　2.4L

かんがえよう!

① ㋒　② ㋑

解説

1 ①0.1をもとにして考えます。0.6は0.1の6こ分，0.7は0.1の7こ分，あわせて0.1の(6+7)こ分なので，1.3になります。
②0.2+0.8=1←1.0としない。

3 位をそろえて書いて，整数の筆算と同じように計算して，上の小数点にそろえて答えの小数点をうちます。
①9は9.0と考えて計算します。
②5は5.0と考えて計算します。

4 ①答えは8.0Lではなく，8Lとします。

かんがえよう!

くり上がりに注意します。一の位の計算は1+○+△となります。

17 重さ

解答

1 ① 850g
② 1kg420g（1420g）

2 ① 2　② 4000
③ （じゅんに）3，500
④ 7000

3 （それぞれ，じゅんに）
① 1，500
② 6，200
③ 7，600

4 式　800g＋1kg600g
＝2kg400g
答え　2kg400g

5 式　5kg200g－1kg700g
＝3kg500g
答え　3kg500g

かんがえよう!
① ㋑　② ㋐

解説

1 はかりのいちばん小さい1めもりは何gを表しているかをよみとります。

2
ポイント
・1kg＝1000g
・1t＝1000kg

3 同じ単位の数どうしを計算します。

4 かばんの重さに荷物の重さをたして，全体の重さを求めます。

5 本の重さは，全体の重さから箱の重さをひいて求めます。

かんがえよう!
①は，△＋1＋1＝△＋2となります。
②は，□－1－1＝□－2となります。

18 円と球(1)

解答

1 ㋐ 中心　㋑ 半径
㋒ 直径

2 ① 2
② 同じ（等しい）
③ 中心

3 ① 8cm　② 20m
③ 8cm　④ 9m

4 6cm

5 ① 15cm　② 30cm

かんがえよう!
① ㋓　② ㋒

解説

2
ポイント
・円の直径の長さは，半径の2倍。
・直径どうしは，中心で交わる。

3 ① 4×2＝8(cm)
② 10×2＝20(m)
③ 16÷2＝8(cm)
④ 18÷2＝9(m)

4 正方形の1辺の長さ12cmは，円の直径の長さと同じです。

5 ①長方形の横の長さ60cmは，円の直径の長さの2つ分です。
60÷2＝30，30÷2＝15
で，半径は15cmです。
②長方形のたての長さは，円の直径の長さと同じです。

かんがえよう!
直径の長さは，半径の長さの2倍なので，半径が8cmの円の直径は16cmになります。

19 円と球(2)

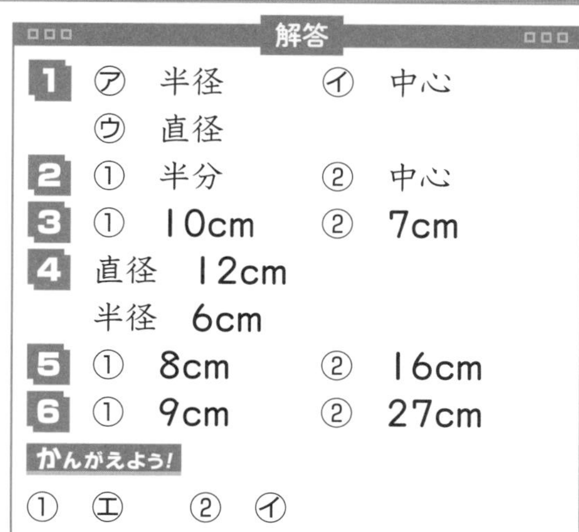

解答

1 ㋐ 半径　㋑ 中心
㋒ 直径

2 ① 半分　② 中心

3 ① 10cm　② 7cm

4 直径 12cm
半径 6cm

5 ① 8cm　② 16cm

6 ① 9cm　② 27cm

かんがえよう!
① ㋓　② ㋑

解説

1
ポイント
球を半分に切ったとき，切り口の円の中心，半径，直径を，それぞれ球の中心，半径，直径という。

3 直径の長さは，半径の 2 倍です。
① 5×2=10(cm)
② 14÷2=7(cm)

4 直径は，14−2=12(cm)
半径は，12÷2=6(cm)

5 ①長方形の横の長さは，円の半径の長さの 3 倍になっているので，24÷3=8(cm)
②長方形のたての長さは，円の直径の長さと同じです。
8×2=16(cm)

6 ①箱のたての長さ 18cm は，ボールの直径の長さの 2 つ分です。
18÷2=9(cm)
② 9×3=27(cm)

かんがえよう!
正方形の1辺の長さが直径の長さです。

20 はたはどこに動く?

解答

1 ① 7　② 17

2 18

解説

1 ①5ます進むことを3回くり返すので，5×3=15 より，青い旗は，15ます進みます。次に，6ます進むことを2回くり返すので，6×2=12 より，12ます進みます。15+12 で，27のますまで動くことになります。20のますを，0のますと考えて，27−20=7(のます)です。
②2ます進むことを5回くり返すので，2×5=10　次に，7ます進むことを3回で，7×3=21　続いて，3ます進むことを2回で，3×2=6　10+21+6 で，37のますまで動くことになります。①と同じように考えて，37−20=17(のます)です。

2 8ます進むことを2回，9ます進むことを3回，2ます進むことを2回くり返すことから，
16+27+4=47(ます)動きます。
白い旗ははじめに11のますにあったことに注意して，11+47で，58のますに動いたことになります。20のますを，0のますと考えて，58から20をひくと38，もう1周分の20ひけるので，答えは18のますです。

ポイント
白い旗は，図を2周することに注意しましょう。

21 分数

解答

1 ① $\frac{1}{3}$L　② $\frac{7}{10}$L

2 ① 4　② $\frac{5}{6}$

③ 9

3 ① 7 等分

② ㋐ $\frac{1}{7}$m　㋑ $\frac{3}{7}$m

㋒ $\frac{6}{7}$m

4 ① $<$　② $=$

③ $>$　④ $<$

⑤ $=$　⑥ $>$

5 0, $\frac{7}{10}$, 0.8, 1, $\frac{13}{10}$, 1.4

かんがえよう!

① ㋐　② ㋑

解説

1 ② 1Lを 10 等分にした 7 こ分のかさなので $\frac{7}{10}$Lです。

2

ポイント

$\frac{9}{9}=1$ → 分母と分子が同じ分数は 1 になる。

3 ②㋑ $\frac{1}{7}$mの 3 こ分の長さは $\frac{3}{7}$m。

4 ①②③ $\frac{1}{10}=0.1$ から考えます。

5 分数を小数に直してくらべます。

$\frac{7}{10}=0.7$, $\frac{13}{10}=1.3$

かんがえよう!

$\frac{3}{7}$より小さいものは, $\frac{2}{7}$, $\frac{1}{7}$です。

22 分数のたし算・ひき算

解答

1 ① $\frac{3}{5}$　② $\frac{5}{6}$　③ $\frac{7}{8}$

④ $\frac{8}{9}$　⑤ $\frac{1}{5}$　⑥ $\frac{2}{10}$

⑦ $\frac{6}{8}$　⑧ $\frac{4}{9}$

2 ① 1　② 1

③ $\frac{5}{6}$　④ $\frac{5}{8}$

3 式 $\frac{3}{10}+\frac{6}{10}=\frac{9}{10}$

答え $\frac{9}{10}$m

4 式 $1-\frac{2}{9}=\frac{7}{9}$

答え $\frac{7}{9}$L

かんがえよう!

① ㋐　② ㋓

解説

1

ポイント

・分母が同じ分数のたし算は, 分母はそのままで分子どうしをたす。

・分母が同じ分数のひき算は, 分母はそのままで分子どうしをひき算する。

2 ③ $1-\frac{1}{6}=\frac{6}{6}-\frac{1}{6}=\frac{5}{6}$

かんがえよう!

分母はそのままにするので①は○, 分子は分子どうしをたすので②は△+□。

23 □を使った式(1)

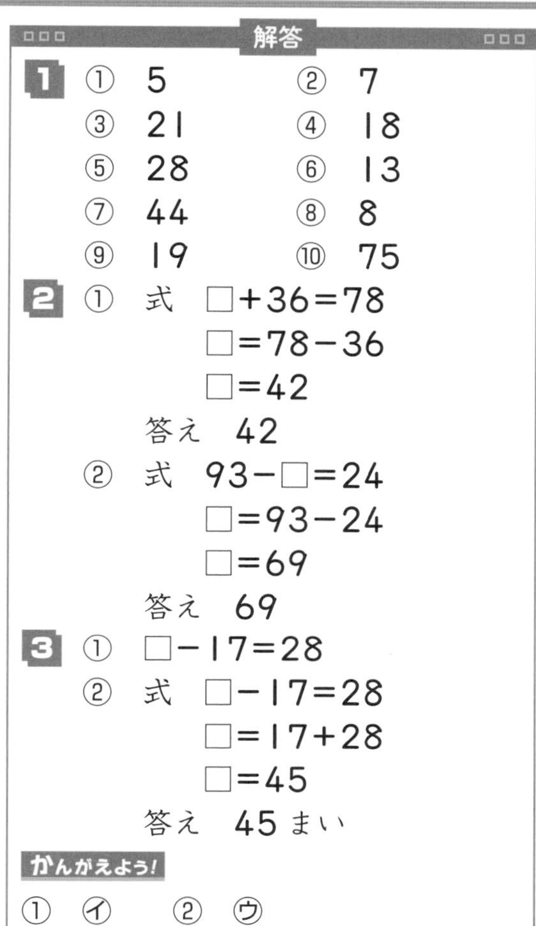

解答

1 ① 5　② 7
③ 21　④ 18
⑤ 28　⑥ 13
⑦ 44　⑧ 8
⑨ 19　⑩ 75

2 ① 式 □+36=78
□=78−36
□=42
答え 42

② 式 93−□=24
□=93−24
□=69
答え 69

3 ① □−17=28
② 式 □−17=28
□=17+28
□=45
答え 45まい

かんがえよう!
① ㋑　② ㋒

解説

1 ①□=12−7　②□=16−9
③□=47−26　④□=71−53
⑤□=100−72
⑥□=4+9
⑦□=15+29　⑧□=11−3
⑨□=31−12
⑩□=100−25

3 はじめのシールの数からあげたシールの数をひくと，残りのシールの数になります。

かんがえよう!
□+○=△だから，①は△−○。
□−☆=◎だから，②は◎+☆。

24 □を使った式(2)

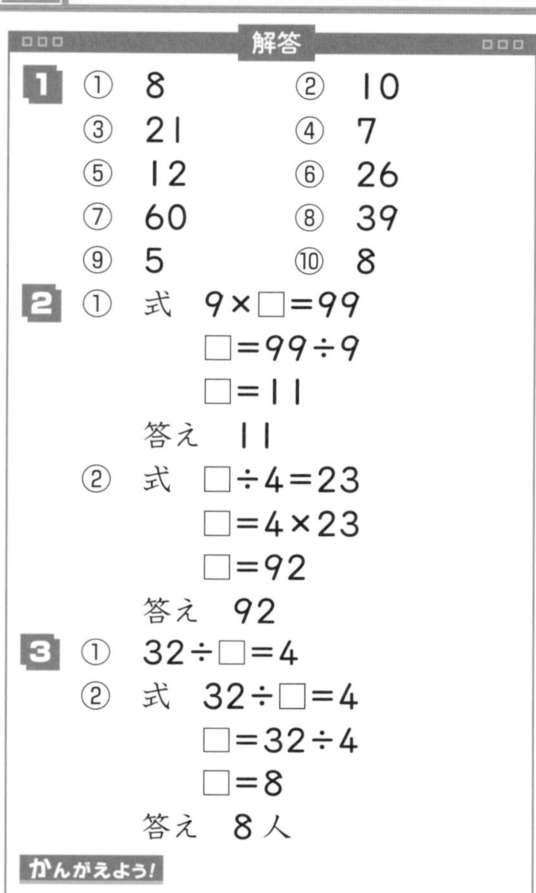

解答

1 ① 8　② 10
③ 21　④ 7
⑤ 12　⑥ 26
⑦ 60　⑧ 39
⑨ 5　⑩ 8

2 ① 式 9×□=99
□=99÷9
□=11
答え 11

② 式 □÷4=23
□=4×23
□=92
答え 92

3 ① 32÷□=4
② 式 32÷□=4
□=32÷4
□=8
答え 8人

かんがえよう!
① ㋒　② ㋑

解説

1 ①□=48÷6　②□=40÷4
③□=63÷3　④□=56÷8
⑤□=48÷4　⑥□=13×2
⑦□=20×3　⑧□=7×5+4
⑨□=45÷9
⑩ 53−5=48 □=48÷6

3 ①わからない数は，分けた人数です。
②答えを求めたら，たしかめをしておきましょう。32÷8=4

かんがえよう!
□×○=△だから，①は△÷○。
□÷☆=◎だから，②は◎×☆。

25 どんな計算になるかな？

解答

1 ① 2　② 1.2　③ 0.9
2 ① 4.1　② 2.8　③ 11.4
④ 1.1　⑤ 8.7

解説

ポイント
記号に数をあてはめて計算します。どの記号にどの数をあてはめるかを間違えないようにしましょう。計算間違いにも気をつけましょう。

1 ①○＋△の○に0.6，△に1.4をあてはめると，0.6＋1.4となるので，これを計算して，2です。
②☆－□の☆に1.7，□に0.5をあてはめると，1.7－0.5＝1.2
③○＋☆－△の○に0.6，☆に1.7，△に1.4をあてはめると，
0.6＋1.7－1.4
前から順に計算します。
0.6＋1.7－1.4＝2.3－1.4＝0.9

2 ①○＋☆の○に0.3，☆に3.8をあてはめると，0.3＋3.8＝4.1
②△－□の△に5.2，□に2.4をあてはめると，5.2－2.4＝2.8
③□＋☆＋△の□に2.4，☆に3.8，△に5.2をあてはめると，
2.4＋3.8＋5.2＝11.4
④☆－○－□の☆に3.8，○に0.3，□に2.4をあてはめると，
3.8－0.3－2.4＝1.1
⑤△－○＋☆の△に5.2，○に0.3，☆に3.8をあてはめると，
5.2－0.3＋3.8＝8.7

26 三角形(1)

解答

1 ①　二等辺三角形
②　正三角形

2 二等辺三角形　㋐，㋓
正三角形　㋒，㋔

3 ①

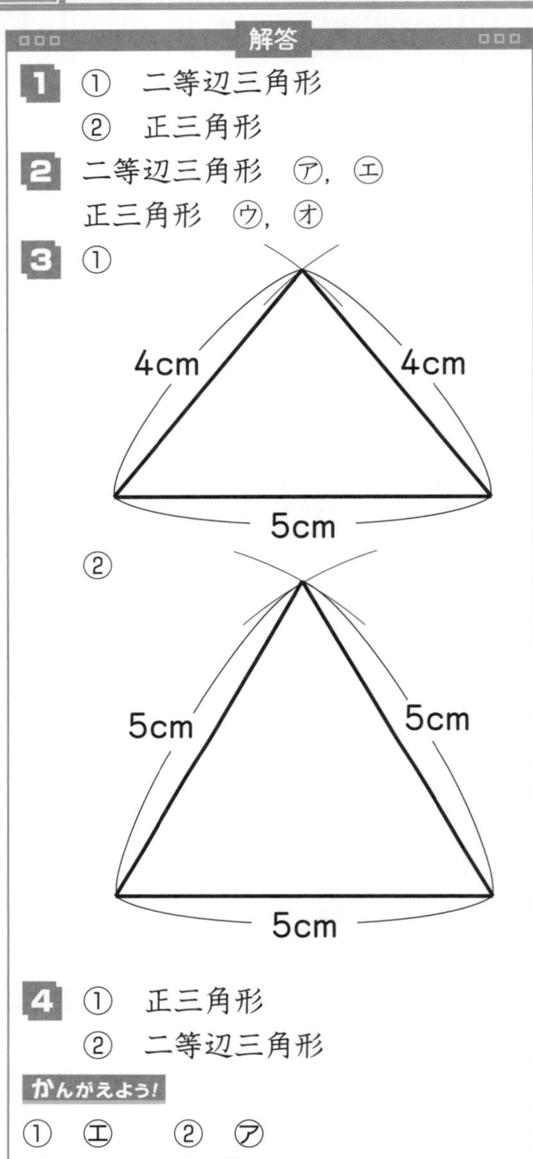

4 ①　正三角形
②　二等辺三角形

かんがえよう!
①　㋓　　②　㋐

解説

4 ①1辺の長さが10cmの正三角形ができます。
②辺の長さが4cm，3cm，3cmの二等辺三角形ができます。

かんがえよう!
正三角形が4つ，二等辺三角形が1つあります。

27 三角形(2)

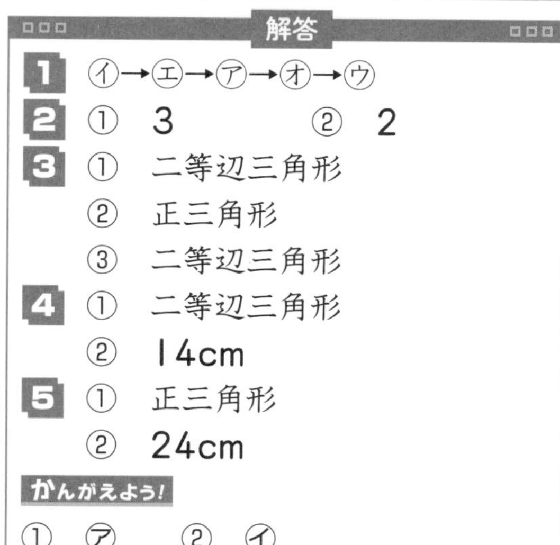

解答

1 ㋑→㋓→㋐→㋔→㋒

2 ① 3　② 2

3 ① 二等辺三角形
② 正三角形
③ 二等辺三角形

4 ① 二等辺三角形
② 14cm

5 ① 正三角形
② 24cm

かんがえよう!

① ㋐　② ㋑

解説

1 角の大きさは，辺の開き具合で決まります。開き具合の大きいほうが大きくなります。

3 ポイント
・二等辺三角形では，2つの角の大きさが等しくなっている。
・正三角形では，3つの角の大きさがすべて等しくなっている。

4 ①辺アイと辺アウは円の半径なので，長さが等しいです。
②4+4+6=14(cm)

5 ①辺アイ，辺イウ，辺ウアの長さは，どれも円の直径の長さに等しいので正三角形です。
②4×2=8(cm)…1辺の長さ
8×3=24(cm)…まわりの長さ

かんがえよう!

正三角形では3本の辺の長さがすべて等しいです。

28 計算のじゅんじょときまり

解答

1 ①(じゅんに) 7，7
②(じゅんに) 5，5
③ 35　④ 17
⑤(じゅんに) 9，9
⑥ 6

2 ① 37×5×2
=37×(5×2)
=37×10=370
② 29×25×4
=29×(25×4)
=29×100=2900
③ 97×4×25
=97×(4×25)
=97×100=9700

3 式　13×5×2=130
答え　130L

4 式　28×4×25=2800
(2800cm=28m)
答え　28m

かんがえよう!

① ㋑　② ㋓

解説

2 かける順序を変えても，答えは同じになります。5×2や25×4など，答えがきりのよい数になるかけ算を先にすることで計算が簡単になります。

3 式は，13×5=65，65×2=130，または大の水そうが小の何倍か考えて，5×2=10，13×10=130として，求めてもよいです。

かんがえよう!

(○+△)×☆=○×☆+△×☆であることを利用します。

29 ぼうグラフと表

解答

1 ① 1人　② 3人

2

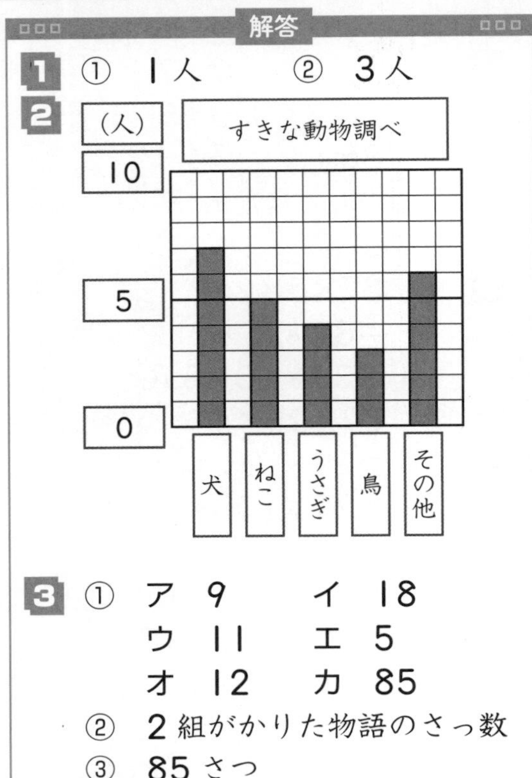

3 ① ア 9　イ 18
ウ 11　エ 5
オ 12　カ 85
② 2組がかりた物語のさっ数
③ 85さつ

かんがえよう！

① ㋐　② ㋑

解説

1 ① 1めもりは1人を表しています。

2 横の軸に動物の種類を書きます。
たての軸にめもりの数と単位を書きます。数に合わせて棒をかき，上に表題を書きます。

3 ①ア 17−8=9
イ 33−15=18
ウ 23−12=11
エ 39−11−8−15=5
オ 7+5=12
カ 46+39=85

かんがえよう！

プリンがすきな人は2×9=18(人)，クッキーがすきな人は5×4=20(人)。

30 形を分けよう！

解答

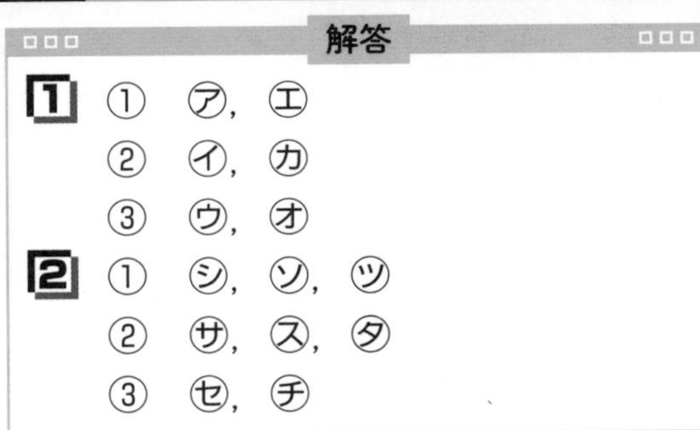

1 ① ㋐，㋓
② ㋑，㋕
③ ㋒，㋔

2 ① ㋛，㋞，㋡
② ㋚，㋜，㋟
③ ㋝，㋠

解説

1 ①

ポイント
同じ長さの辺がない形を選びます。

㋐，㋓の三角形は，3つの辺の長さがすべて異なります。
②3つの辺の長さが等しい正三角形を選びます。
③2つの辺の長さが等しい二等辺三角形を選びます。

2 ①二等辺三角形を選びます。
②2つの辺の長さが等しくない三角形のうち，直角三角形を選びます。
③2つの辺の長さが等しくない三角形のうち，直角の角がない三角形を選びます。